家庭园艺指南

[韩]农明顺(Farming Soon) 著

梁 超 译

机械工业出版社
CHINA MACHINE PRESS

前 言

记录农活、菜园、植物生活的知识频道——Farming Soon 的故事

有没有一本书，可以快速了解种植菜园作物和家养植物的方法呢？Farming Soon 团队来了！Farming Soon 意为"关于植物的所有信息马上到来（coming soon）"。我们团队始于 2021 年 7 月，是一个小小的 Instagram 账号。幸运的是，越来越多的人喜欢我们上传的关于农业和植物的知识，我们也会分享更多、更好的信息。不知不觉间，Farming Soon 不仅在 Instagram 上，还在各种博客和 band 等多种网络空间里发展，成为给 2 万名以上栽培植物的人提供信息的频道。

其中，家养观叶植物的内容一直受到广泛关注。很多人想知道植物的基本特征，以及附着在植物上的病虫害如何处理等多种信息，这样大家才能更好地栽培自己的植物。

但由于网络内容具有快速更新的特性，很多时候大家没能及时看到需要的信息，就这么错过了。因此，本书不仅将之前发布的植物相关知识收录进去，还加入了更多植物的信息。感谢出版社对我们账号的内容给予的高度评价，并帮助我们编写成书。

栽培植物没有正确答案，我们只是小小的引导者

当从出版社那里收到关于撰写园艺和家养植物的书的提案时，我们真的很感激。实际上，我们一直在苦恼所提供的信息是否 100% 正确，也许植物养护根本没有绝对正确的方法。

所以本书只是小小地引导一下那些为了寻找植物赋予的意义而选择栽培植物

的人。之所以说"小小地引导",是因为越是深入了解植物,就越发现它们的养护并没有正确答案。因为植物出现的健康问题,并不是单一原因导致的,而是多种因素复合作用的结果。

从必须了解的栽培室内植物的基本信息,到大家好奇的各种细节问题,我们都会慢慢介绍给大家,希望大家能够将这些知识用到自己的植物上。

现在和 Farming Soon 一起开始在家栽培植物吧!
Farming Soon,coming soon!

本书的使用方法

在学习了针对植物一窍不通的新手或初级植物栽培者的基本课程后，现在可以了解家养观叶植物、草本植物和蔬菜的基本信息了。在介绍每种植物的首页，有该植物的基本特征、学名、原产地、栽培难度，以及与宠物的适配度。下一页会介绍更详细的植物养护方面的信息，如适合植物的光照、水和温度，下面还有 Farming Soon 提供的栽培秘诀——"管理小贴士"！

学　　名：*Monstera deliciosa*
原 产 地：中南美洲
栽培难度：🌿🌿🌿🌿🌿
宠　　物：注意

了解植物的学名、原产地、栽培难度，以及在室内栽培植物时与宠物的适配度。

发散状大叶的魅力
龟背竹

学　　名：*Monstera deliciosa*
原 产 地：中南美洲
栽培难度：🌿🌿🌿🌿🌿
宠　　物：注意

龟背竹是热带植物，即使处于不良环境，也可以长得很好。其纹路多样，叶子呈撕裂的样子，外观很有魅力，所以很受欢迎。因其原产于中南美洲，所以喜欢湿热的环境。

龟背竹的生长速度较快，在原产地可以长到 6m 高，叶子的直径可以达到 1m，能适应大部分室内环境，对新手来说，是比较适合养的植物。

该植物的光照、水分需求量，适合的生长温度，都在此处。

☀ 喜欢光照

龟背竹基本上是喜欢光的植物。如果光照不足，生长会变慢，枝节会变长。但夏季至初秋的直射光线会灼伤叶子，所以将其放到有散射光的向阳地或半阴地栽培为好。

💧 储存水分的能力强

龟背竹的茎和叶储存水分的能力较强。从春季到秋季，当表土（离土表面10%~20%深的土）干的时候，浇水的量要把握在水可以稍微从花盆的底座流出来的程度。冬季的时候，在花盆里50%~60%深的土干的时候再浇水。

🌡 10~27℃

因为龟背竹是热带植物，所以很怕低温。栽培龟背竹的最低温度是10℃，但如果气温跌至16℃以下，其生长的速度就会停滞，可能会受到冻害，要格外注意。最适合龟背竹生长的温度是10~27℃，冬季最好搬到室内。

管理小贴士

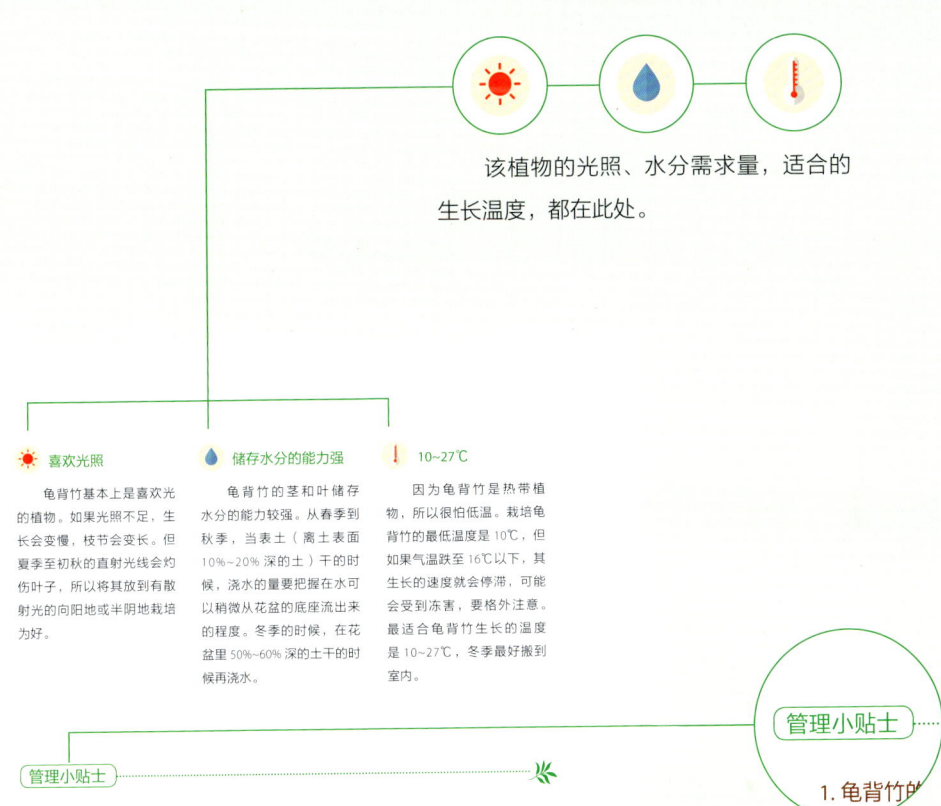

1. 龟背竹的四季

龟背竹倒盆最好的季节就是春季。因为春季是气候变暖、生长旺盛的季节。秋季到冬季，气温低的时候，最好将其移入室内。

2. 放射形的叶子

龟背竹的叶子受光照越多，分叉的倾向就越明显。如果想让叶子更加发散，就将其移动到光照更加充足的地方。

3. 要小心潮湿

如果湿气太重，叶子上就会出现很多水珠，这是受潮的早期表现，浇水量需要减少些。

4. 支撑杆

龟背竹属于藤类植物，具有沿着支架往上爬的习性。立1根支撑杆，把茎绑缚上去，便不会有杂乱的枝条，外观会更漂亮。

管理小贴士

1. 龟背竹的

植物适合的土壤、施肥周期、开花的方法等，Farming Soon 按照该植物的生长特性整理的要点内容，供大家参考。

目 录

前言
本书的使用方法

第1篇 / 园艺101　在开启植物生活之前，你需要知道的事

园艺 101 _012
栽培植物清单 _014

- **植物** _016
  植物的分类方法 _016
  植物的构成要素 _017

- **土** _019
  土的种类 _020

- **浇水** _024
  需要浇水的时刻 _025
  最基础的浇水方法 _025
  给植物浇水的各种方式 _027

- **光照和植物灯** _030
  根据光照量的场所区分 _030
  确认空间的光照量 _031
  各种光照管理方法 _032
  植物灯的主要参数 _034
  选择植物灯需要考虑的事项 _035

- **花盆** _037
  花盆的种类 _037
  适合植物生长的花盆 _039
  养植物，事在人为 _040

- **倒盆** _041
  倒盆不一定必须在春秋季进行 _041
  倒盆的合适时机 _042
  准备倒盆的材料 _042
  倒盆的操作方法 _043

- **杀虫** _045
  觊觎植物汁液的害虫 _045
  觊觎植物叶子的害虫 _047
  伤害植物的害虫 _048

- **肥料** _050
  给植物提供必要的营养 _051
  施肥的时机和方法 _052

- **园艺工具** _053

- **扦插** _058
  扦插（插条）的种类 _058
  扦插后的养护方法 _059

第2篇 / 家养植物　观叶植物篇

寻找适合新手的植物 _064

第1章 初次栽培，适合新手的植物 _065

龟背竹 _066　　九里香 _068　　孟加拉榕 _070
喜林芋 _072　　鹅掌藤 _074　　光瓜栗 _076
无花果 _078　　棒叶虎尾兰 _080　金钱树 _082
球兰 _084

净化空气的植物 _086

第2章 帮助净化空气的植物 _087

散尾葵 _088　　海芋 _090　　白鹤芋 _092
花烛 _094　　波士顿蕨 _096　　虎尾兰 _098
南天竹 _100

对宠物友好的植物 _102

第3章 可以和宠物一起养的植物 _103

镜面草 _104　　木樨榄 _106　　鹿角蕨 _108
风兰 _110　　山茶 _112　　巢蕨 _114

养植物，光照很重要 _116

第4章 家里光照不足，就选择适合在半阴地生长的植物 _117

大琴叶榕 _118　　银后亮丝草 _120　　绿萝 _122

寻找适合自己家的植物 _124

第5章 充满自信地挑战更难养的植物 _125

童话树 _126　　威尔玛金冠柏 _128　　一品红 _130
柠檬 _132　　肖竹芋 _134　　咖啡树 _136
桉树 _138　　绣球 _140

第3篇 / 家养植物　草本植物篇

各种各样的香草 _144

薰衣草 _146　　柠檬草 _148　　荆芥 _150
天竺葵 _152　　辣薄荷 _154　　茉莉 _156
美国薄荷 _158　　锦葵 _160　　鼠尾草 _162
迷迭香 _164　　罗勒 _166　　香蜂花 _168
碰碰香 _170　　北葱 _172　　芫荽 _174
常见的香草 _176

第4篇 / 家养植物　蔬菜作物篇

适合家养的蔬菜 _180

生菜 _182　　番茄和樱桃番茄 _184　　胡萝卜 _186
甜菜 _188　　油菜 _190　　韭菜 _192

第5篇 / 其他需要了解的问题

- **Farming Soon Q & A** _198

  必须按照周期浇水吗？_198

  植物灯要开多久？_199

  植物叶子的颜色为什么会这样？_200

  花盆里的霉菌该怎么处理？_201

  根蝇怎么消灭？_203

  担心市面上的驱虫产品有农药成分，可以自己制作环保的驱虫剂吗？_204

  叶子和茎下垂的原因是什么？_205

  新芽长出来后变黄，很快掉落，怎么办才好呢？_206

  冬季养植物时，应该做什么准备呢？_207

- **我们周围那些普通的植物栽培者** _208

  "生活记录者"的植物生活 _208

  您第1次养植物的契机是什么？_209

  最喜欢的植物的种类是什么？为什么？_209

  请谈一谈养植物最大的好处和困难之处。_209

  对于第1次养植物的新手，有什么推荐的植物吗？_210

  有什么话要对想养植物的人说吗？_211

  以后有想挑战的植物吗？_211

  谈一谈对 Farming Soon 团队的期望吧！_211

"lazy_camper"的植物生活 _212

  您第1次养植物的契机是什么？_213

最喜欢的植物的种类是什么？为什么？_213

请谈一谈养植物最大的好处和困难之处。_213

对于第1次养植物的新手，有什么推荐的植物吗？_213

有什么话要对想养植物的人说吗？_215

以后有想挑战的植物吗？_215

谈一谈对 Farming Soon 团队的期望吧！_215

"奇妙的多萝茜"的植物生活 _216

您第1次养植物的契机是什么？_216

最喜欢的植物的种类是什么？为什么？_216

请谈一谈养植物最大的好处和困难之处。_217

对于第1次养植物的新手，有什么推荐的植物吗？_217

有什么话要对想养植物的人说吗？_218

以后有想挑战的植物吗？_218

谈一谈对 Farming Soon 团队的期望吧！_218

"绿色商社"的植物生活 _219

您第1次养植物的契机是什么？_219

最喜欢的植物的种类是什么？为什么？_219

请谈一谈养植物最大的好处和困难之处。_219

对于第1次养植物的新手，有什么推荐的植物吗？_220

有什么话要对想养植物的人说吗？_220

以后有想挑战的植物吗？_220

谈一谈对 Farming Soon 团队的期望吧！_220

后记　Farming Soon 想说的话 _222

第1篇

园艺 101

/

在开启植物生活之前，你需要知道的事

| 园艺 101

　　在正式养植物之前,如果能够了解植物,以及与之相关的周围环境的知识,那就再好不过了。例如,对植物来说,光照达到什么程度最好呢?浇水的频率多少比较合适呢?倒盆一定要在春秋季进行吗?

　　正如所有的领域都需要基本知识一样,养植物也需要提前了解一些基本要素。那么不妨测试一下,大家对养植物都了解多少呢?

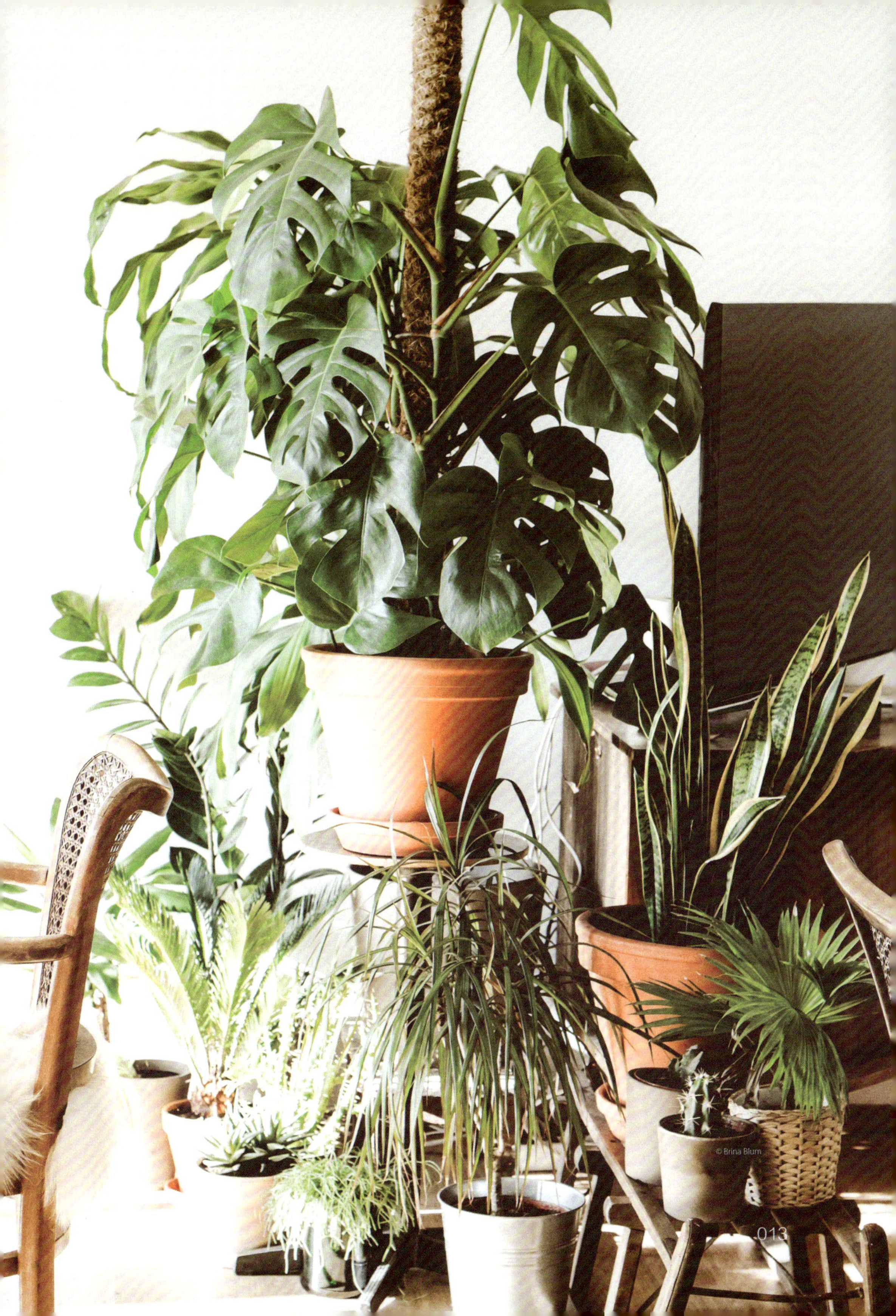
© Brina Blum

| 栽培植物清单

关于植物,你了解多少?

☐ 了解植物的名字和原产地。

☐ 知道植物的过冬温度。

☐ 知道植物对宠物和小孩是否有危险。

☐ 知道防治植物病虫害的方法或有过防治经验。

☐ 知道每种植物浇水频率和浇水量的不同。

☐ 给植物倒过盆。

你知道植物周围环境的相关知识吗?

☐ 知道所养植物需要的光照量。

☐ 知道太阳光照到自己家的方向和光照量。

☐ 知道光照度的概念和测量方法。

☐ 不仅了解水和阳光对植物的作用,还知道通风等重要的要素。

☐ 给植物使用有排水孔的花盆。

即便打钩的条目少也不要灰心,接下来,就和我一起夯实基础知识,了解各种植物的特性吧!

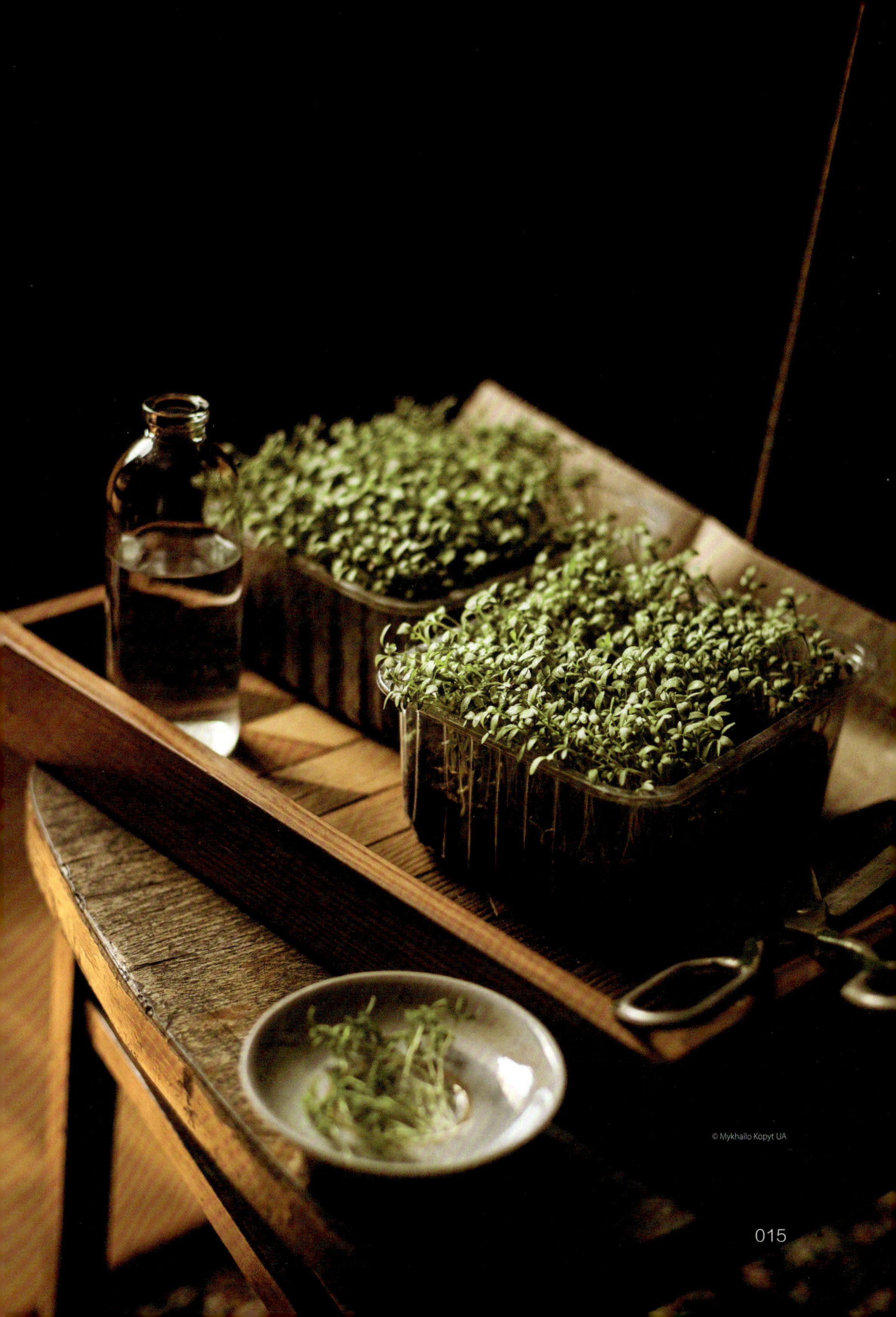

© Mykhailo Kopyt UA

- **植物**

什么是植物？

像龟背竹的学名 *Monstera deliciosa* 是怎么来的呢？

下面一起来了解一下为什么要知道植物名字的由来，还要了解作为一名园丁所必须掌握的植物构成要素及其作用。

植物的分类方法

如果去花店和植物园，会看到很多平时接触不到的植物，对于它们的名字就更加陌生了。对于用本国语言无法表述的植物，最能够让大众接受的方法，就是直接用拉丁语学名进行标注，慢慢地就流通开来。当然，也有很多地方有他们独特的命名方法。下面就以熟知的龟背竹为例，简单了解一下植物的拉丁语分类方法吧。

(植物的分类方法)
- 界：植物界
- 门：被子植物门
- 纲：单子叶植物纲
- 目：天南星目
- 科：天南星科
- 属：龟背竹属（*Monstera*）
- 种：龟背竹（*deliciosa*）
- 特征：白色（alba/albo）

以上分类方法是 18 世纪生物学家卡尔·林奈整理的，是大众使用最多的植物分类方法。市面上介绍的观叶植物一般会像龟背竹（*Monstera deliciosa*）那样，把属和种合起来称呼。另外，即使同种的植物中，也会根据特性分类为新的品种或是加上种类进行称呼。

植物的属名和种名都有各自的含义，在 *Monstera deliciosa* 中，monstera 表示"大，有孔的叶子"，而 deliciosa 表示"美味的果实"。此处还会根据相关品种的特性，加上 albo（白色）等名称。所以白色纹路的龟背竹，就被称为 *Monstera Albo*，但特征名大多不是正式的学名。

正如上面所介绍的，了解了根据分类方法得出的属名和种名，那么就更容易理解该植物大体的特征和养护方法。本书介绍的植物中，都会附上各个植物的学名，如果想更加详细地了解该植物，可以去确认一下它名字的由来。

植物的构成要素

正如人类有头、胳膊、腿等部位一样，植物也有不同的部件，构成植物的各个部件有着不同的作用。如果知道这些部件的作用，就能够更好地养护植物了。

1. 茎

具有支撑植物的作用。大部分茎都在土壤外部，是输送植物养分的主要路径。

2. 叶子

叶子是植物所需能量的主要来源。白天叶子利用光线进行光合作用，制造能量，晚上排出二氧化碳，吸收氧气。

3. 根

根是植物下端的部分，主要吸收水和养分，将其输送到茎和叶，具有重要的作用。当根出现问题时，植物的形状和颜色都会发生变化。

4. 花

花有各种颜色和外观，是美学担当，但花最基本的作用还是负责植物的繁殖。一般植物会通过花粉的传播进行繁殖，风和昆虫也会帮助花粉传播。

5. 枝和节

枝是指从植物茎的中间开始分叉的部分，节是指在植物的茎或枝上长出叶子的部分。

6. 种子

种子既是植物的开始，也是结束。种子需要适宜的温度、光照和水才能发芽生长。植物结果之后，又会长出新的种子。

• 土

　　土（床土）是与植物的根部接触的部分，对植物的生长和健康都有很大的影响。"床土"是指"适当地提供适合植物生长的营养的土"。和过去统称的"园艺用床土"不同，最近园丁在土制品中增加了新的材料，推出了很多像椰糠土（Cocopeat）、草本泥炭土（Peat Moss）等调和土。不仅如此，还出现很多像活力球球土（Hydroball）和真砂土等只用作花盆排水材料和扦插用的产品。

　　大部分家养观叶植物用一般的园艺用土就可以栽培，但根据栽培环境的不同，有时园艺用土会和其他相关产品一起使用。在通风和排水不好的环境下，床土和排水材料以 7∶3 的比例混合，就会使排水变得容易。根据植物的特性，每次倒盆的时候换不同的床土，确认新换床土的排水能力，从而寻找最适合的土。

土的种类

1. 腐叶土

腐叶土是植物的叶子或小枝经过微生物分解后形成的土,又称"腐殖土",保水力(保管水分的能力)很出色,是园艺中经常使用的土。

2. 营养土

营养土适用于花、树等园艺植物的栽培,是将椰糠土、草本泥炭土、珍珠岩等材料按照一定比例混合加工而成的土。有的产品会称为"园艺用床土"。

3. 真砂土

真砂土是花岗岩风化之后形成的土,和小石子差不多。通过粗细来区分,根据需要的排水能力,选择不同的粗细度。从最细的开始,标识分为细粒—小粒—中粒—大粒,但不同的制造商对于粗细的认定也不同。在倒盆的时候把真砂土和土进行混合,可提高排水能力,也可以用作装饰。

4. 珍珠岩

这是将珍珠岩、黑曜岩等加热膨胀制作的石子，重量轻、排水力和透气力好，主要和床土、营养土混合使用，可提高排水能力。

5. 兰石（日向土）

兰石是火山石的一种，主要在种兰花时使用。这种石头上有很多细小的孔，既轻，排水性和透气性还好，很适合铺在花盆底的排水层。在兰石中，取自日本特定地区的火山土壤做成的石头使用很广泛。

6. 树皮

树皮经高温蒸煮制作而成，重量很轻，排水性、透气性、保水性好。缺点是：如果不耗费精力去打理，就很容易腐烂。

7. 火山石

火山石是由于火山活动而形成的玄武岩，孔多，轻，排水性、透气性好。外观漂亮，广泛用于装饰。

8. 活力球球土

活力球球土是由黄土烤制而成，是人工制作的石头，轻，排水性、透气性好。不仅可以盖在土壤表面用作装饰，还可以垫在花盆底部的排水层。

9. 蛭石

蛭石是一种次生变质矿物，园艺用的蛭石是这种矿物经加热、膨胀处理而成，维持水分的能力很强。在扦插（将植物的枝、茎、叶剪掉或折断，插入土中，将根部固定）的时候，对于固定根部有帮助。

10. 椰糠土

椰糠土是由去除了椰子皮中纤维质的椰子灰粉碎加工制作而成的有机物质，对植物的根部生长有帮助，对改善土壤微生物环境有效果。

11. 草本泥炭土

草木泥炭土是水生植物和湿地植物的残余物质在莲花池等地方堆积出来的黑褐色的土，保水力、保温性、透气性好，可以园艺用、农业用、畜产用等。

12. 水苔

水苔是泡在水里使用的苔藓，将自然的水苔烘干制作而成，吸水能力和透气性非常好，主要在种植兰花或扦插时使用。

与图中类似的园艺用土在网络商店和花鸟市场均可买到。

- **浇水**

浇水看似是养植物时最容易的一件事，但最难的也正是浇水。正如每个人的食量不同一样，植物需要的水量也不尽相同。正因如此，那些"每周浇 1 次水""每 3d 浇 1 次水"的经验贴，可不是对所有植物都适用的。

需要浇水的时刻

大部分植物浇水的原则是"当确认好土的干枯程度之后再浇水"。如果土没有充分干透，若在潮湿的状态下就浇水，土里的根过湿，会无法呼吸。确认土是否干透的方法有很多种。

第一，用手直接摸土，如果土的颜色是浅褐色，不粘手，那就是干透了。相反，如果土的颜色是深褐色、粘手，那就说明没有完全干透。另外，也可以用手指或木筷插入土壤 2~3cm 进行确认。如果手指或木筷粘满土，说明水分还很充足。

第二，土干时在花盆里多浇些水，然后拿起花盆，掂量其重量。过一段时间后，拿起花盆，通过比较重量来感知水干的程度。如果比浇水时轻很多，说明到了浇水的时候了。

第三，使用市面上销售的土壤湿度检测仪，这可以说是最好的方法了。

除此之外，看植物的叶子是否下垂，多肉植物的叶子是否皱皱巴巴，叶子是否过于干枯等，都可以确认植物的缺水程度。

最基础的浇水方法

1. 一次性浇足

水最好一次性浇足。虽然花盆的大小、植物的大小有所不同，但通常以排水孔能流出一定程度的水为宜。水不能是哗哗流出来的，而是从排水口渗出来的！另外，浇水后一定要去除水垫上的积水。因为如果有积水残留，就会妨碍花盆的通风。

2. 分 2~3 次浇水

一次性浇足不是说一口气哗哗往里浇，而是要分 2~3 次匀量浇水。即使浇同样的量，也要轻轻地浇，只有将水平均浇到整个花盆里，才能均匀地被土壤吸收。如果一次浇太多，花盆里的土壤就会产生水流，水在被土壤吸收之前就会排掉了。

3. 每天清晨浇水

尽可能在每天清晨浇水。在阳光强烈的午后浇水，挂在植物叶子上的水滴会在阳光的照射下变烫，可能会烫伤植物。另外，花盆本身的温度也会升高，会伤到植物的根。如果早上无法浇水，可以在太阳落山之后的下午或晚上浇水。冬季应在气温上升到一定程度后再浇水，才能避免冻伤。因为植物在夜间也需要休息，所以尽可能不在夜间浇水。

4. 水的种类

浇到花盆中的水用自来水就可以。自来水中含有氯、钙、镁等营养成分，对植物的生长很有帮助。净水器的水被过滤掉了矿物质和微量元素，所以对植物的生长反而没有帮助。另外，比起直接浇水，将自来水放置一段时间，让其和室温保持近似的温度后再浇会更好。

5. 浇水之后一定要通风

植物生长的过程中，和光照一样重要的就是足够的通风。通过通风，可以给植物提供必要的二氧化碳，还可以去除花盆的湿气。植物受潮的原因除了浇水太多、太频之外，还可能因为通风不好，残留在花盆中的水分无法被土壤吸收所导致。如果不能经常通风，可以使用电风扇或空气循环器等，让空气循环起来。

给植物浇水的各种方式

1. 从上面浇水

使用长壶嘴的浇水壶，在花盆上方浇水。需要注意的是，壶嘴不能直接接触植物的叶子。如果植物的叶子很脏，想要擦干净，或者想要保持湿度，就使用能产生较薄水雾的喷雾器。

2. 从下面浇水（底面灌水）

在大盆里装好水，放上花盆，使土壤从下面吸收水。优点是不过量给水，植物需要多少就吸收多少。底面灌水时需要注意，不能长时间将花盆泡在水里，在吸收了一定量的水分之后（花盆的 1/3 位置），一定要把花盆取出。很薄很小的花盆不适合用这种方式，因为土壤中的有机物质可能会被水稀释。

3. 点滴灌水

在大棚栽培植物时经常用点滴灌水的方法，就是在地上埋一些有细洞的管子，持续供给少量的水。花盆也有类似的操作，将能够吸收水的绳子往土里面埋2cm左右，绳子的另一头放在装满水的瓶子或碗里就可以了。

* * *

水对于植物来说是必需品，但过量浇水会导致植物过涝。与植物供水不足相比，水太多导致过涝的情况更多。最重要的是要养成经常带着爱心观察植物的习惯，因为给植物浇水没有固定的方法。经常确认植物的干枯程度，根据生长的环境浇水才是最好的方法。

- **光照和植物灯**

人类通过食物摄取营养成分，植物通过根来吸收营养成分，再通过光合作用产生生存所必需的能量。植物要完成生存所必需的光合作用，就需要适量的光照。

各种植物不仅需要的水量不同，所需光照量也不同。进行光合作用最低限度的光强度是"光补偿点"，光合作用速度不再增加时的光强度是"光饱和点"。

根据光照量的场所区分

现在看看植物养在哪里最合适。向阳面适合多肉植物等需要阳光的植物，背阴处可以种植虎尾兰、香龙血树、金钱树等植物。

	基准	适合的植物
向阳	可以一整天，或者 6h 以上能受室外光线直射的地方。野外、屋顶、阳台等地	多肉植物、香草类、仙人掌、桉树、木樨榄等
半向阳	每 3~4h 可以照射 1 次光的地方。露台和阳台的内侧等	大果柏、雅榕、孟加拉榕等
背阴	每 3~4h 可以在远处照射 1 次弱光的地方。有光照的室内等地	大部分观叶植物、椰子树类、白鹤芋、椒草、蕨类等
半背阴	1d 内见光 2h 以内的地方	密叶竹蕉、虎尾兰、香龙血树、金钱树、绿萝等

确认空间的光照量

除了上文提到的基准之外，若需要具体的数值来监测室内空间的光照量，则可使用照度计或智能手机的 APP 来测定所在空间的勒克斯（lx，是光照度的单位，1lx 代表 1 支标准蜡烛发出的亮度）。

向阳处的光照度为 10000~30000lx，半向阳处的光照度为 5000~10000lx，半背阴处的光照度为 2000~5000lx，背阴处的光照度为 300~2000lx。虽然不是非常精确，但以此来判断植物所处环境的光照度足够了。

照度（lx）测定机
修正因数 ×1.0lx
403
最大 649
平均 357
最小 222

照度（lx）测定机
修正因数 ×1.0lx
628
最大 644
平均 599
最小 125

照度（lx）测定机
修正因数 ×1.0lx
15342
最大 16670
平均 8730
最小 147

各种光照管理方法

植物各自的养护方式都不同。有刚一发芽就受到充分的光照生长的植物,也有并非如此的。与其考虑植物原来的生长地从而营造类似的环境,还不如仔细观察植物的状态,逐渐让其适应新的环境。

1. 纯化

在光照少的环境中生长的植物如果忽然移动到强光环境中,会受到强光的伤害。从光照充足的地方移动到光照少的地方也是如此。为了防止这种情况的发生,让植物适应光照的过程就叫纯化。纯化的方法是测定原来的地方和将要移动的地方的光照度,然后在中度光照度的基础上依次使其适应变化的光照。举个简单的例子,如果想把植物从阴凉处移到阳光充足的地方,可以在几天内从最初的地方一步一步地移到更亮的地方。

2. 有效利用自然光的方法

黑色吸收光,白色反射光。家里的墙壁和天花板是白色或奶油色等亮色的话,光的反射有助于植物的生长。另外,还可防止在室内生长的植物的茎随着光线的移动而扭曲。

3. 转动花盆

让植物的各面均匀受阳光的照射虽然是好事,但是在室内很难实现。想要避免植物跟随阳光的照射只朝一个方向生长,就要周期性地转动花盆,使植物的各面都能够均匀地照到阳光,这样有助于植物的生长,形成均衡的形状。最好每隔几小时就转动花盆,可是实践起来却非常困难,所以至少每月定好一天,改变花盆摆放的方向。

4. 冬季的光照

冬季比起其他季节受光照的时间少，所以要将容易搬运的植物移动到光线充足的窗边，增加日照时间。要擦掉玻璃上的灰尘，这样光的强度最多可以增加10%，要保持玻璃的清洁。

5. 植物灯

除紫外线、红外线和绿光外，植物灯能有效地给植物生长提供所需的不同波长的光，在设施中或室内栽培植物时，用于补充自然光。

室内的植物很难得到适当的光照量，所以很多园丁都使用植物灯。最近出现了各式各样的多功能的漂亮的植物灯，部分园丁还建造了用植物灯装饰的植物房，他们只用人工光来培育植物。

波长 100 280 315 400 700 1400
光谱 UVC UVB UVA
紫外线 可视光线 红外线
（对植物影响最大的波长带）

光的种类	光谱分类	波长 /nm	对植物的影响	用途
紫外线	UVC	100	破坏叶绿素	—
	UVB	280	可以形成免疫体	—
	UVA	315~400	让植物的叶子变厚	—
	蓝色波长	430~440	光合作用效果最好；使叶子宽大	新芽发芽
	黄绿色波长	510	依靠黄色吸收一部分光	使叶绿素发挥作用；抑制霉菌
	红黄色波长	610	对光合作用不好	—

（续）

光的种类	光谱分类	波长/nm	对植物的影响	用途
紫外线	红色波长	660	对叶绿素的作用有最大的制约	植物生长 开花 结果
		700	对光合作用有最大的制约	
红外线	IRA	780	一定程度上促进植物光合作用的进行	—
		1000~1400	对光合作用没有什么其他效果	—

从上面的图表中可以看出，光可以分为多种波长。在多种波长中，可促进植物进行光合作用的波长大致是红色和蓝色。植物主要吸收 400~500nm（蓝色波长，光合作用）和 640~700nm（红色波长，叶绿素作用）波长的光来生长。也就是说，植物会吸收蓝色和红色的光，而绿色的光会反射，这也是为什么植物的叶子是绿色的原因。

植物灯的主要参数

1. 光通量密度 [PPFD，μmol/($m^2 \cdot s$)]

表示单位时间单位面积上的光量子数。50μmol/($m^2 \cdot s$)则表示在 $1m^2$ 的空间里 1s 进入的光量子有 50 个。该数值越高，表示光合作用所需要的光量子越多。另外，光的强度方面，距离越远，光线越扩散，越模糊。也就是说，光源（植物灯）越远，光量就越少；光源越近，光量就越多，这一点需要考虑。

2. 光补偿点和光饱和点

在植物的叶子上打光，光合作用的速度会随着光的强度而增加。植物开始进行光合作用的最低限度的光强度叫光补偿点，植物的光合作用速度不再增加时的光强度叫光饱和点。根据植物的不同，其数值也不同，如果知道所养植物的光补偿点和光饱和点，就能更好地使用植物灯。

3. 照射角

植物灯的种类不同，照射的角度也不一样。如果照射角度宽，就可以在大范围内受到光线照射；如果照射角度窄，就可以将光集中照射在狭窄的地方。但是，因为光量子的数量是有限的，所以要根据照射角确定设置的方法或位置。

选择植物灯需要考虑的事项

植物灯的广告中最常见的就是对植物灯的光的波长的介绍，也就是说，选择植物灯时，其是否能散发对植物生长影响最大的光的波长，是最重要的因素。

1. 确认产品的光通量密度 [PPFD，μmol/（m^2·s）]

因为 PPFD 表示的是单位时间单位面积上的光量子的量，所以选择植物灯的时候一定要确认 PPFD 的数值。在相同条件下，这个数值越高越好。但根据安装的高度、角度等条件的不同，也会有不同的需求，因为还要考虑消费能力和价格等因素，所以与其一味追求 PPFD 数值高的产品，倒不如考虑安装植物灯的条件和环境之后，再进行选择。此时需要参考植物的光补偿点和光饱和点，还有植物灯和植物之间的距离等。一般的植物灯制造厂在测定 PPFD 数值的时候，都是在 30cm 左右的高度测定的。

2. 确认照射角和色温

在安装植物灯的时候，要了解灯泡的光和发散的角度，也就是照射角。照射角的宽度不同，光线接触的范围也会有所不同，因此最好和 PPFD 一同统筹考虑，提前调整植物灯的位置和要安装的植物灯的个数等。

还要确认灯泡的色温，一般 4000~5000K 之间为日光色（白色），低于这个数值为红色，高于这个数值为蓝色。所以要根据色温来选择适合自己的灯泡。

3. 确认消费能力

植物灯是使用电的产品，所以需要确认一下消费能力。植物灯大部分消耗的电能很少，但如果频繁使用植物灯，也肯定会让电费增加，所以需要提前考量。另外，消耗的电能越多，发热就越严重，发热会影响灯泡的使用寿命，所以在同样条件下，要选择消耗电能低的植物灯。

除此之外，植物灯的插口和自己家的是否吻合（大部分植物灯的插口都是家中经常使用的），是否是经过安全认证的产品，灯管或灯泡的形状是否和自己家的风格吻合，以及植物灯的大小和重量，都需要考虑。

- ## 花盆

现在市场上有各种品牌和设计的花盆。被比作"植物之家"的花盆都有什么种类?对于植物来说,什么是好的花盆?

花盆的种类

根据花盆的材质来分类最具代表性,可分为陶瓷花盆(Ceramics)、用黏土制作的土盆(Terra Cotta)、塑料花盆、玻璃钢(FRP)花盆,还有用石头或木头做的花盆等。

另外,根据黏土花盆的火度(烧制花盆的温度),在陶瓷上涂釉的程度等,还会分得更加细致。因此,对于养植物的人来说,选择面就更广了。哪种花盆更适合养植物呢?

1. 土盆

土盆是将土烤制后制作的不上釉的花盆，最近各种品牌都推出了设计精美的土盆。因为土盆没有上釉，所以水蒸发的速度很快，很适合养那些容易过涝的植物。但如果搭配蒸发速度快的床土，则会由于蒸发速度过快导致吸水能力降低。

2. 陶瓷花盆

陶瓷花盆是在土盆上涂上颜色、修饰外观、上釉之后，再烤制而成的花盆。因为上釉所以透气性比一般的土盆差。但是因为设计漂亮，也有很多人喜欢。

3. 塑料花盆

用塑料制作的花盆价格相对低廉，也不容易打碎，被大众广泛使用。重量轻，很适合养重的植物。

4. 玻璃钢花盆

用玻璃钢制作的花盆，其表面进行过处理，乍一看像是陶瓷花盆。硬度高，不易破碎，重量轻且价格低廉。

5. 天然的或人造的水泥花盆

用天然的或人造的水泥制作的花盆。虽然可以营造出高级感，但是又大又重，还很容易破碎。另外，由于材质的特性，这种花盆很难通风，因此水的蒸发速度比较慢。

6. 栽培袋

用塑料或无纺布制作的栽培袋重量很轻，方便移动，但缺点是难以估计浇水量。

7. 其他材质的花盆

此外，用金属材料制作的铁制花盆，多用于热带植物。藤编花盆、泡沫塑料盒或鸡蛋板也可以当作花盆。

适合植物生长的花盆

植物很容易受到外部环境的影响，例如，土壤和肥料的组合、适合植物的光照和浇水情况等。因此，"在低温下烤出来的土盆，能让水分快速蒸发，适合植物的生长"这句话有些片面，实际上土盆并不适合所有植物。对于容易过涝的植物来说，最好用水分蒸发快的土盆，而来自热带地区的植物更适合存水时间长（蒸发慢）的陶瓷花盆。但是，无论用什么花盆，都要坚持不懈地注意浇水，这一点是不会改变的。

刚养植物的新手一定想知道什么样的花盆好，对大部分植物适用的花盆的特征如下。

1. 上宽下窄的花盆

花盆虽然有坛形、四角形、梯形等，但是如果花盆上窄下宽，排水就会变慢，很容易让植物过涝。另外，如果植物的根在花盆里大肆生长，那么随着时间的推移，在倒盆时就很难移动或容易损伤根部。因此，新手应该使用上宽下窄的花盆，减少水在花盆内的停留空间。

2. 排水口大的花盆

欧洲的园丁们为了使植物适应没有排水口或排水口小的花盆，积极使用水球等材料。但如果是新手，为了使植物顺畅地吸水和排水，最好选底面有排水口的花盆。如果可能，最好选排水口较大的花盆。如果很在意流出的水，那就加上花盆底托。新手看到没有排水口的花盆或排水口被堵住的花盆，可以看看以下三点建议。

- 因为排水速度慢，所以尽量避免用其养根部发达的植物，可以用来种植仙人掌、多肉植物等。
- 最好选择通风良好的土盆、陶瓷花盆等。
- 花盆底一定要铺上排水材料（水球、木炭等），以免积水过多。

养植物，事在人为

正如前文所述，不同的花盆各自有优缺点，养植物最重要的是和土壤的搭配，另外还有光照、浇水、通风等要素。与其单独去翻看本章，不如将所有的知识综合运用。

- 倒盆

倒盆是将植物整体移动、种植，是一件烦琐的工作。下面一起看看倒盆的时机，以及正确的倒盆顺序。

倒盆不一定必须在春秋季进行

大多数人都觉得倒盆应该在不冷不热、天气清凉的春秋时节进行。因为在夏季倒盆，水分会蒸发过快；在冬季倒盆，又很容易让植物受到冻害。

但实际上倒盆并不一定要在特定的季节进行。如果室内的温度可以维持在 15~20℃ 甚至以上，无论何时倒盆都没关系。

倒盆的合适时机

对照下列事项，来确认倒盆的时机。

- ☐ 当看到植物的根从花盆底下的排水口钻出来时。
- ☐ 当水没有停留在花盆里，而是迅速流出时。
- ☐ 植物的叶子全都变黄时。
- ☐ 最近一次倒盆已经过了1年以上时。
- ☐ 植物的叶、茎、根比花盆大出很多时。

准备倒盆的材料

1. 准备稍大一点的花盆

一般要准备比之前稍微大一点的花盆，但如果新花盆比之前的大很多，就会让植物的叶子和根过涝，或者出现通风不畅的问题，可以选择比之前大 1.2~1.3 倍的花盆。

2. 床土

可以使用一般的园艺用床土，也可以使用珍珠岩、兰石、真砂土等材料和床土按照 1∶1 的比例混合而成的。

倒盆的操作方法

1. 在底部铺上过滤网或排水网

根据花盆底部水孔的大小放置过滤网或排水网。在浇水时或把花盆移到别的地方时，这个网可防止土壤外流。

2. 制作排水层

在花盆中先放入 1/5 盆高的颗粒较大的石子（兰石、真砂土、活力球球土等）。若花盆内积水，根部就会腐烂，因此为了能够保持排水顺畅，需要选择大颗粒石子。越是不喜欢湿气的植物，排水层就要做得越厚；花盆越大，就挑颗粒越大的石子。

3. 堆土

在植物的根（约 2/5 盆高）处堆土。根据植物的不同，使用专用床土或培养土，一般园艺用床土也不错。如果是多肉植物或仙人掌，可以将小颗粒真砂土和普通土混合使用。

4. 取出植物

将植物从之前的花盆中取出时，需要让植物所受的影响最小化。如果是塑料花盆，则可以按压花盆底部；如果是土盆或陶瓷花盆，则可以用移植铲将植物和土壤接触的部分小心分离。

5. 把取出的植物抖一抖

取植物的时候，如果把土壤也带了出来，就要小心地抖一抖土，将缠绕在一起的根部解开。根部敏感的植物就不要抖土了，可以将其一起移到新花盆中。

6. 填满新土

将植物移植到新花盆之后，再填满新土。先轻轻拍打花盆，让土壤均匀地铺在整个花盆之中。中间也可以一边填土一边浇水。浇水的时候，土壤会填满根部之间的空隙。

7. 浇水

在新花盆的上方留出约 20% 的空间。倒盆之后，要确保浇水的时候，留有一定积水的空间。倒盆后浇足水，为了使植物适应新环境，最好在半阴处放置 1 周左右。

倒盆的操作方法

杀虫

在家养植物，肯定会受到各种病虫害的侵扰。我为大家整理了植物最常遇到的一些害虫。

觊觎植物汁液的害虫

1. 蚜虫

蚜虫是附着在植物的嫩芽或花上吸食汁液的害虫，在 4 ~ 5 月发生最多。由卵发育成成虫的速度非常快，如果不在初期控制住，蚜虫会以非常快的速度增加。被蚜虫吸食汁液的植物嫩芽可能会改变形状，而来摄取蚜虫排泄物的其他虫子可能会给植物带来新的病害。

(解决方案) 到了春季，需要持续观察植物的嫩芽、嫩叶和花骨朵。一旦发现蚜虫，就要即刻驱除。市面上的粘虫板，再附着银杏叶提取物或苦参碱，效果会更好。

2. 蜡蚧

蜡蚧比蚜虫的个头更大，从植物的新芽，到叶、根茎、汁液，无不感兴趣。有棉花蚧、康氏粉蚧、褐色蚧虫等多个种类。其排泄物会让植物的叶和茎变黑。

(解决方案) 很难将蜡蚧一次性完全清除，可先驱除成虫，然后用专用药剂喷洒 2~3 次即可。喷药之后的 2~3 个月内需要仔细观察植物，如再发现蜡蚧，要及时驱除。

3. 蜱螨

蜱螨体形很小，在植物状况变得糟糕之前很难被发现，是一种与蜘蛛有远亲关系的虫子，它们吸食叶子中的细胞组织，只留下白色黏膜（细胞壁）。如果叶和茎上有像蜘蛛网一样的东西，就要引起警觉。多危害海芋属、芋属、五彩芋属等植物。

(解决方案) 为了驱除蜱螨，需要使用蜱螨专用药剂。但如果一直喷药，蜱螨会产生耐药性，市面上的环保杀虫剂最好交替使用。

4. 温室白粉虱

温室白粉虱呈白色小蛾子形状，多出现在薄荷、鼠尾草等香草类或多汁植物上。如果不能在其发生初期进行防治，就很难完全消灭。它们在叶子背面产卵繁殖，排泄物也有可能引发病毒病。

(解决方案) 如果家里的植物上出现了温室白粉虱，应该立即去除附着其卵的所有叶子。之后还需要喷洒防治蚜虫和蜡蚧用的环保杀虫剂。

觊觎植物叶子的害虫

1. 毛毛虫

众所周知，蝴蝶的幼虫喜欢攻击茎中间部位的叶子，然后产生排泄物。毛毛虫经过的叶子就像用牙签穿过一般，留下很多小孔。这种情况从夏季到冬季最为常见，特别多发于多肉植物。

(解决方案) 先好好观察周围是否有蝴蝶，以杜绝此类事情发生。一旦发现有蝴蝶在叶或茎上产卵，就马上驱除。在毛毛虫啃过的叶子的孔洞上喷洒环保杀虫剂。

2. 网蝽

网蝽是在室外的果树、金达莱、山踯躅等花上经常出现的害虫。危害症状与蜱螨相似，叶子背面粘着黑卵和卵壳，所以比较容易发现。一般在 5 月上旬左右集中防治。

(解决方案) 每隔 5d 喷洒园艺用杀虫剂，连续喷洒 3 次左右。

伤害植物的害虫

1. 蕈蚊

蕈蚊在植物的根部产卵,是主要靠植物周围的霉菌生存的小苍蝇,如果室内湿度上升,其繁殖会更快。在阳台或小温室中养植物时,会经常遇到。它们虽然不能给植物产生致命伤害,但对植物外观会有影响,且繁殖力强,即使消灭成虫,蕈蚊也会从土里的卵中孵化,继续危害植物。

(解决方案) 密切关注花盆内产生的霉菌,最好每个花盆都安装粘虫板,如果使用能去除土壤中幼虫的环保产品就更好了。

2. 蓟马

蓟马是室内花园中最容易出现的害虫,主要啃食叶子的背面,容易出现在颜色深的观叶植物上。其个体数量易快速增加,像蕈蚊一样,即使消灭成虫,土壤中的幼虫也会发育并扩散。

(解决方案) 发现成虫后,最好尽快喷洒专用药剂。因为土壤中的幼虫长大后会重新扩散,所以要换成干净的土壤,并持续观察。

3. 蜗牛

蜗牛多出现在室内植物中的蕨类、香草类、菊科植物上，喜欢夜间出行，白天会隐藏起来，晚上啃食植物的嫩叶和花。有没有壳的蜗牛——蛞蝓，也有带壳的蜗牛，白天大多会藏在花盆下面。

(解决方案) 如果将装有环保蜗牛引诱剂的碟子放在花盆下面，就可以让蜗牛进食引诱剂后死亡，以达到防治的目的。如果蜗牛持续发生，就要清理土壤，在新的花盆里种植植物或使用土壤杀虫剂。

- 肥料

就像人类生存需要吃饭一样，植物要想发芽、生长，也需要营养。这些营养可以从土壤和空气中吸收，可以通过光合作用获得。但与室外植物相比，室内植物的营养供给会受到局限，所以就需要肥料来补充。

肥料并不是治疗植物病害的药物，而是额外补充营养的营养品。就像人不能过多摄取营养品一样，植物过多摄取肥料反而会出现肥害。重要的是要准确把握植物的特性和叶子的状态，给植物适量的肥料。

给植物提供必要的营养

植物所需元素的种类可分为大量元素和微量元素。大量元素就是市面上肥料产品含有的三大要素——氮、磷、钾；微量元素即为需求相对少的元素。

	含义	种类
大量元素	植物需求量多的元素	氧（O），氢（H），碳（C），氮（N），磷（P），钾（K），钙（Ca），镁（Mg），硫（S）
微量元素	植物需求量相对少的元素，在植物的代谢中起到催化剂和调节的作用，从土壤、灰尘和空气中很容易获得	氯（Cl），硼（B），铁（Fe），锰（Mn），锌（Zn），铜（Cu），钼（Mo），镍（Ni）

对植物来说，如果某种元素不够，叶和茎就会出现相应的缺素症状。了解各个症状之后，可以对症施肥。但植物的叶子出现某种症状不仅是缺少对应的元素，还有水分过多等原因，这些复合因素交织在一起，不能简单下结论，所以要综合考虑植物及其周围环境之进行判断。

施肥的时机和方法

给室内植物施肥的时间与外面宅边田地的植物不同，室内植物施肥并没有固定的时间，就像前面提到的浇水周期一样，要综合判断植物的状态和周边环境再施肥。

一般的施肥频率是：浇 30 次水，施 1 次复合肥。复合肥含有氮、磷、钾，要选择这种元素含量均衡的肥料。根据浇水的频率，施肥的时机也可以调整。喜水的植物生长速度快，所以也需要更多的养分。

最近也有把肥料用水稀释后使用的情况，或者在花盆上插入液体肥料。如果施肥过多，会给植物提供比所需更多的营养成分，反倒会引起植物遭受肥害。

- **园艺工具**

© Eco Warrior Princess

我们有时需要给植物修枝，有时需要浇水，所以在进行这类养护的时候，需要合适的园艺工具。在选择工具时，不仅要考虑市面上大家的认可度，还要选择设计感好的。下面来看看几款好用的园艺工具。

1. 浇水壶

浇水时使用的工具。要考虑家里养植物的数量再选择浇水壶的容量。个人认为，比起瓶口宽、可以装很多水的浇水壶，瓶口窄、方便确认出水量的浇水壶是更好的选择。各种品牌的浇水壶的外观也是家装的要素，可多比较后再购买。

2. 园艺用剪刀

修整植物的茎和叶时使用的剪刀。普通剪刀的形态是刀刃短、把手长，园艺用剪刀比一般的剪刀小。也可以使用切割力好的普通剪刀，但如果使用专用剪刀可以更方便地修剪小型植物。

3. 喷雾机

和浇水壶有些许不同，喷雾机是将水或液体营养剂喷洒成雾状时使用的工具。还可以喷洒在植物的叶子上或植物周围，用于调节湿度，也可以喷洒株型小的植物。最近市场上推出了可以自动调节喷洒量的自动喷雾机。

4. 移植铲

在倒盆等需要换土或填土的时候使用。用途不同，设计也不同，移植铲也需要根据所养植物的株型大小和数量进行选择。

5. 植物支架、盆栽铁丝、水苔柱

随着植物的生长，茎部渐渐伸展变长，想修整形态时，或者为了让樱桃番茄和辣椒这种悬挂果实的植物保持平衡时，就会使用这些工具。市面上有很多款式和长度不同的产品。水苔柱的用途也类似，因为它是用椰子纤维制作而成，用于养护观叶植物时不会产生异质感，放到一起也很搭。

6. 园艺扎带

一般和植物支架一起使用，目的是固定支架和植物。

7. 木棍

可以将木棍深深地插进土壤中，确认土的干湿程度。戳动花盆里的土，可以填补土壤之间的空隙。

8. 粘虫板

粘虫板可用于抓捕那些在花盆中穿梭、危害植物的各种害虫，用害虫们喜欢的颜色可以达到引诱的目的。粘虫板经过了处理，可以紧紧地粘住害虫。如果配合环保杀虫剂一同使用，粘虫板的效果会更好，就会成为新手园丁的优秀武器。

- ## 扦插

植物繁殖的主要方式有两种：一是植物结出果实后，获得种子，用来培育新植物，这是一种有性生殖方式；二是使用植物的营养器官等培育新的个体，这是一种无性生殖方式。

无性生殖也有多种方式，利用植物枝叶繁殖的方法叫扦插（插条），其优点是不会发生遗传上的变化，具有与母株相同的特征。缺点是每种植物的成活率有高有低，各不相同。

扦插（插条）的种类

茎插的合果芋

1. 茎插

茎插是通过剪枝，把剪下的茎插在扦插用土或水苔上的方法。插条应尽可能最大限度地剪取健康的幼苗，斜切 45°左右。如果剪下的茎上叶子太多，就再剪掉一些叶子，以减少光合作用的量。如果叶子太多，水的消耗量会增加，根部扎根的速度也会变慢。

2. 叶插

叶插是将植物一部分的叶子剪下，插到土壤或水中来培养新的植物个体的方式，适合秋海棠、金钱树等部分植物。

扦插后的养护方法

在土壤或水中扦插之后，要放到不能直接接触阳光的地方，或者遮盖住光线，以免因干燥而枯萎，或者过涝而使插穗腐烂。特别要注意的是，如果用凉水，扦插用的土壤温度会急剧下降，切口处可能会腐烂，因此最好用常温水浇灌。

(扦插前的注意事项)
□ 适宜温度为 18~23℃。
□ 增加空气湿度，防止插穗干燥。
□ 空气要流通，注意通风。
□ 插穗要保持露出的叶子左右均衡，这样有助于根部的均衡生长。

扦插最好使用由川砂、赤土（夹杂着沙子的土壤）、珍珠石、草本泥炭土、水苔（苔藓类）、蛭石等材料混合的扦插专用床土。也就是说，用于扦插的土壤不仅透气性要好，排水和养护力也要好。另外，要选择无菌或无细菌繁殖潜在危险的土壤，最好使用有机质含量少的土壤。

> **扦插时的注意事项**
>
> ☐ 扦插时尽可能少见光。
> ☐ 温度要维持在 15~25℃。
> ☐ 要注意通风，能够充分供氧。
> ☐ 要提高空气湿度，防止水分蒸发过快，但如果湿度过大，会让细菌繁殖加快，所以要做好杀菌工作。

© 于红茹

第2篇

家养植物

观叶植物篇

| 寻找适合新手的植物

　　在室内养植物是一件非常辛苦的事。既要一丝不苟地浇水，还要将植物搬到有阳光的地方，又要避免植物受到病虫害的侵扰。将原来生长在大自然的植物搬到家中，要最大限度地为植物营造一个类似的环境。

　　虽然这是一件不容易的事，但养植物也有重要的意义。看到植物的叶和茎慢慢长大、开花结果，会有身处大自然中的感觉。另外，对每天相伴的植物多一些了解，不仅会收获心灵的慰藉，在养植物之外，还可以培养勇于挑战新领域的勇气。

第1章

/

初次栽培，
适合新手的植物

发散状大叶的魅力
龟背竹

学　　名：*Monstera deliciosa*
原 产 地：中南美洲
栽培难度：
宠　　物：注意

龟背竹是热带植物，即使处于不良环境，也可以长得很好。其纹路多样，叶子呈撕裂的样子，外观很有魅力，所以很受欢迎。因其原产于中南美洲，所以喜欢湿热的环境。

龟背竹的生长速度较快，在原产地可以长到6m高，叶子的直径可以达到1m，能适应大部分室内环境，对新手来说，是比较适合养的植物。

©Giorgio Marini

☀ 喜欢光照

龟背竹基本上是喜欢光的植物。如果光照不足，生长会变慢，枝节会变长。但夏季至初秋的直射光线会灼伤叶子，所以将其放到有散射光的向阳地或半阴地栽培为好。

💧 储存水分的能力强

龟背竹的茎和叶储存水分的能力较强。从春季到秋季，当表土（离土表面10%~20%深的土）干的时候，浇水的量要把握在水可以稍微从花盆的底座流出来的程度。冬季的时候，在花盆里50%~60%深的土干的时候再浇水。

🌡 10~27℃

因为龟背竹是热带植物，所以很怕低温。栽培龟背竹的最低温度是10℃，但如果气温跌至16℃以下，其生长的速度就会停滞，可能会受到冻害，要格外注意。最适合龟背竹生长的温度是10~27℃，冬季最好搬到室内。

管理小贴士

1. 龟背竹的四季

龟背竹倒盆最好的季节就是春季。因为春季是气候变暖、生长旺盛的季节。秋季到冬季，气温低的时候，最好将其移入室内。

2. 放射形的叶子

龟背竹的叶子受光照越多，分叉的倾向就越明显。如果想让叶子更加发散，就将其移动到光照更加充足的地方。

3. 要小心潮湿

如果湿气太重，叶子上就会出现很多水珠，这是受潮的早期表现，浇水量需要减少些。

4. 支撑杆

龟背竹属于藤类植物，具有沿着支架往上爬的习性。立1根支撑杆，把茎绑缚上去，便不会有杂乱的枝条，外观会更漂亮。

远处传来的茉莉花香
九里香

学　　名：*Murraya exotica*
原 产 地：中国南部、东南亚
栽培难度：🌿🌿🌿🌿🌿
宠　　物：注意

　　九里香的花很像茉莉，橙黄的果实像迷你的橘子，所以也叫茉莉橘。花的香气很浓，能够飘得很远，所以净化空气的能力强。九里香很喜欢光照，和我们平时熟悉的茉莉花是不同的植物，茉莉花属于木樨科，而九里香属于芸香科。

　　在以英语为母语的国家也称其为 Mock Orange、Chinese Box。

☀ 喜欢光照

九里香是喜欢光照的植物，所以请将其放置在光线充足的向阳地或半阳地。如果九里香看起来很健康，但不开花，首先考虑是不是光照不足，只有光照充足才能开花。但也要避免光线持续直射，一不小心叶子就会被烤焦。

💧 开花的时候要格外注意

和平时浇水一样，如果花盆的表土之下 1~2cm 的地方干了，或者花盆变轻的时候就要浇水，浇到可以稍微从花盆的底座里流出来的程度。如果底座充满水，一定要倒掉。

一般开花的时候，需要大量的水，所以要更加频繁地观察，浇适量的水。在温度降低的冬季，浇水的频率最好少一些。

🌡 15~28℃

九里香原产于温暖的地方，所以要注意保持温度。适合其生长的温度为 15~28℃，5℃以下时可能会急剧枯萎，所以冬季一定要搬到室内。

管理小贴士

1. 土

九里香喜欢养分多的土，用真砂土搭配腐叶土栽培，排水会更好。也可以混合一些一般的培养土，例如，珍珠岩、蛭石、树皮等。为预防干燥或过涝，必须做好保水和排水工作。

2. 剪去一部分叶和枝

如果让叶和枝肆无忌惮地生长，会妨碍通风。请修剪一下已经开花的老树枝，让通风变好。

3. 充足的光照

要想使九里香开花，就需要充足的光照。如果光照充足却不开花，就确认一下是否剪掉了已经开花的枝，或者是不是营养剂给得过多。

叶子的颜色随着光照量的多少而发生变换
孟加拉榕

学　　名：*Ficus benghalensis*
原 产 地：印度、巴基斯坦
栽培难度：
宠　　物：注意

在印度，代表着长寿和丰足的孟加拉榕的花语是"永远幸福"。孟加拉榕的叶子会根据光照量的多少稍稍改变纹路和颜色。其净化室内灰尘和空气的能力很强。摘掉其叶子或剪掉根茎时，会流出白色的液体。这种植物很适合新手来尝试。

另外还有叶子没有纹路的孟加拉榕，对室内环境的适应能力更强。原产于西非的琴叶榕的叶子颜色会更深，株型更大，长得像橡树。叶子更小更光滑的印度榕具有更加卓越的净化空气的能力，很多人会在室内栽培。

☀ 喜欢光照

孟加拉榕非常喜欢光照，最好将其放置在每天最少可以有 3~6h 甚至以上光照的地方。如果将其放置在暗处，会发生徒长现象，需要注意。

💧 耐干燥

孟加拉榕是一种很耐土壤干燥的植物。当表土完全干燥之后再浇水，冬季的时候浇水频率可以放缓。如果持续过涝或过干，叶子会哗啦哗啦地掉下来。此时最好将其移动到温暖的室外。

🌡 20~25℃

孟加拉榕适合的栽培温度最低为 13℃、最高为 40℃。适合生长的温度为 20~25℃，如果在 13℃以下，叶子会掉光。适合的湿度在 40%~70% 之间。

管理小贴士

1. 剪枝

要想改变孟加拉榕的外观，可以在 5~8 月之间进行剪枝。在剪掉的枝条周围，新叶会长得很小，在 1 个月内就会长得更加茂盛。把枝条剪掉后，原来被遮住的枝叶会受到光线的照射，被剪掉的地方可以恢复得更快。

2. 栽培的场所

孟加拉榕在半阳地或半阴地会长得更好，但在盛夏时节，对室外阳光也能适应。孟加拉榕适宜的光照度范围是 800~10000lx，在光线少的地方也能很好地适应。最好放在离窗边不远的客厅或在离阳台 1~1.5m 远的地方培养。

心形叶子，充满爱的植物
喜林芋

学　　名：*Philodendron*
原 产 地：热带美洲
栽培难度：
宠　　物：注意

　　喜林芋这个名字是希腊语"Philo（爱）"和"Dendron（树木）"结合而成。热带美洲是其原产地，那儿有 200 多种喜林芋，我们见到的大部分是人工栽培的杂交种。喜林芋既是最有名的观叶植物之一，也是能很好适应环境的植物，长得比较大，所以需要稍微开阔一点的空间。在韩国常见的是铂金蔓绿绒（*Philodendron* 'Birkin'）和红金钻（*Philodendron* 'Rojo Congo'）这两种喜林芋。

　　喜林芋的形态有长成藤蔓状的心形和自行生长的直立形，以及直立生长、茎部木质化、长得像树一样的。

☀ 请避开直射光线

藤蔓状的喜林芋在光照度 22000lx 的环境生长最佳。在家中栽培，要避免强光直射。茎部木质化、变得像树一样硬邦邦的喜林芋，可以放到光照好的地方来养。

💧 喜欢水

因为喜林芋喜欢潮湿的环境，为了保持湿度，可以经常喷雾。但如果土壤的湿度过高，会妨碍植物根部的呼吸，妨碍其生长，所以注意不要太潮。

🌡 18~28℃

要避免将其放在 10℃ 以下的低温环境中。如果可能，在 24℃ 以上的温度栽培最佳。白天的理想温度是 27~29℃，夜间的理想温度是 18~21℃。冬季空气温度要在 15℃ 以上，一般情况下，家庭的室内温度保证其过冬都没有什么问题。最适合喜林芋生长的温度是 18~28℃。

管理小贴士

1. 注意病虫害

如果土壤过涝或通风不好，就会导致软腐病、细菌性叶腐病，还会产生温室粉虱等病虫害，因此最好经常通风。但是，直接让植物接触秋冬的冷空气也不好，所以最好通过空气循环器或电风扇进行通风。

2. 土和肥料

喜林芋的培养土一般选用保水力好、透气性强的，水苔、草本泥炭土和树皮、木质副产品、珍珠岩等混合使用，土壤 pH 在 5.5~6.0 比较适合。

大部分喜林芋是喜肥植物，需要大量肥料。如果是小型花盆或挂盆，最好有规律地施液肥或溶解性肥料，每隔几周用干净的水洗土。大型喜林芋可以使用液肥或颗粒肥料或涂层的缓效性肥料。但是，使用肥料没有标准答案，最好根据周围环境和植物的状态来决定。

"噌噌暴长"的雨伞形植物

鹅掌藤

学　　名：*Heptapleurum arboricola*
原 产 地：中国南部
栽培难度：🌿🌿🌿🌿🌿
宠　　物：注意

在中国的南部经常能见到这种植物，俗名招财树、七加皮，属于五加科植物。粗大的主干和延伸出来的树枝、叶子很像雨伞，所以也叫雨伞树。其生长速度非常快，也不太容易受环境影响，所以对于新手来说，是可以尝试栽培的一种观叶植物。

☀ 小心夏季的直射光线

虽然在一般的环境中鹅掌藤也能很好地适应并生长，但最好放在光线被过滤了的半阳地。夏季的直射光线会灼伤叶子，这一点要注意。

💧 耐干燥

最好在表土（花盆10%~20%深）干枯的时候浇水。冬季浇水的频率要稍微放慢。

🌡 20~25℃

适合鹅掌藤生长的温度为20~25℃，最低温度为10℃，所以在冬季要将其搬到温暖的地方。

管理小贴士

防止徒长

在光线不足的地方栽培鹅掌藤，茎部会长得长长的，即徒长。将徒长的鹅掌藤放置到光线充足的地方，如果叶子太干或茎变色了，那就勇敢地剪掉。

长枝的美丽植物
光瓜栗

学　　名：*Pachira glabra*
原 产 地：中南美洲
栽培难度：🌿🌿🌿🌿🌿
宠　　物：安全（要注意果实）

　　光瓜栗俗名发财树，原产地是墨西哥和南美洲的国家，在大自然中最高可以长到 18m，若在花盆里栽培，根据环境的不同，其高度会有 30~200cm 不等。它是一种观叶植物，特点是有着粗壮的茎部，以及延伸出来的细长枝丫。花语是"幸运、幸福"，经常被当作开业或乔迁礼物送人。

　　光瓜栗在粗大的主干上长着绿色和浅绿色叶子，别具异国风情，很受新手的青睐。不仅是叶子，花和果实也可以观赏，特别是花，非常漂亮。

© feey

☀ 注意光照

光瓜栗喜欢明亮的地方，但在保证有足够采光量的前提下，还是适合在室内栽培。比起直射的光线，间接的明亮光线更适合。光照度在中间水平 800~1500lx，或者较高水平 1500~10000lx 为好。在客厅中间或窗边，再或者在阳台内侧栽培为好。

💧 确认土壤

它是亲水性的植物，最好充分浇水，但也要避免过涝。

春季到秋季，要用木筷等工具确认土壤的状态，土壤松软的状态最佳。比起少量多次浇水，当土壤干枯时充分浇水更佳。在冬季，花盆最深处干枯时，要充分浇水，浇水周期也要稍微长一点。

🌡 21~25℃

光瓜栗在 21~25℃长得最好，它很怕冷，所以在冬季的环境温度也要维持在 13℃以上。如果在室内的窗边培养光瓜栗，那么在冬季的时候请将其移动到室内中央。即使光照减少，它也可以生长。但如果室内的温度过高，使其变干，就会出现蜱螨、蜡蚧这些害虫，要注意用电风扇等进行通风，空气湿度要维持在较高水平。

管理小贴士

1. 土壤和肥料

栽培光瓜栗的土壤一般使用园艺用床土，还会混合约 30% 的真砂土、珍珠岩或树皮等，这是为了提高排水力。

在 5 月左右可以使用适当的缓效性粒状肥料。光瓜栗是可以长得很大的树种，如果过度施肥，可能会长得很高，在室内很难容纳。但如果光瓜栗过矮，想让它长高一些，可以在 5~9 月之间，以 1~2 个月为周期，施一些稀的液肥。

2. 叶子变黄的原因

- ✓ 自然的变化→自然现象，不用管。
- ✓ 太久没见到阳光→请将其移到有光照的地方。但如果环境突然急剧改变，会引发反作用，所以要慢慢改变位置。
- ✓ 过涝引发的根部受害→保证通风，如果花盆有问题，就倒盆。
- ✓ 低温→它很怕冷，受寒后叶子会变色，要将其移到温暖的地方。

收获甘甜的果实
无花果

学　　名：*Ficus carica*
原 产 地：亚洲、地中海
栽培难度：🌿🌿🌿🌿🌿
宠　　物：注意

　　无花果的意思是"不开花，就结果"。实际上无花果的花隐藏在果实内部，无花果的叶子像枫叶，如果能好好养护，即使是新手，也可以收获果实。

☀ 非常喜欢光照

无花果最好放在每天光照能达 6h 以上的地方栽培。因为无花果是喜欢光的植物，所以受到的光照越多，果实就结得越好。

💧 确认表土干湿

和其他一般的观叶植物一样，要确认植物表土的干湿程度之后再浇水。特别是在果实成熟的时候，需要更多的水，所以最好经常确认一下表土的情况。

🌡 10~25℃

10~25℃是最适合无花果生长的温度，如果在过热的地方，那果实就会变小。室内保持温暖，冬季也可以养得很好。

管理小贴士

1. 小心害虫

无花果是在昆虫的帮助下受精的植物，因此具有诱惑昆虫的甜美香气。但正因如此，会引来很多害虫。要经常确认是否出现了害虫，及时防治。

2. 果实

栽培 2 年以上的健康无花果就开始结果了。果实最开始呈明亮的绿色，等绿色完全褪去之后就可以采收果实了。

叶子尖尖长长的魅力植物
棒叶虎尾兰

学　　名：*Dracaena angolensis*
原 产 地：非洲
栽培难度：🌿🌿
宠　　物：注意

棒叶虎尾兰是观叶植物，其长长的伸展开来的叶子非常有观赏性。它也是多肉植物的一种，其水分保存在叶子当中，大部分可以在室内的环境中生存。适合第 1 次养植物的新手，也适合那些想通过植物调节工作氛围但又不想费神的办公人群。

☀ **光照不足也没关系**

棒叶虎尾兰对光照并不那么敏感，即便光照有些许不足，在室内也能长得很好。但如果在光照不足的环境中长时间放置，突然转移到光照强的地方，会受到伤害。

💧 **耐干燥**

棒叶虎尾兰和在水分少且干燥的地方生长的植物一样，即便不经常浇水也可以长得很好。等土壤一直干透再浇水即可。

🌡 **18~27℃**

棒叶虎尾兰和原产于非洲的其他植物一样不耐冻，最适合其生长的温度是18~27℃，不要将其暴露在冷风中。

管理小贴士

1. 想让叶子长得粗大

如果棒叶虎尾兰的叶子长得长长的、细细，就剪掉叶子前面尖尖的部分，这部分是生长点，若去掉生长点，叶子就不会再往上长了。

2. 繁殖

剪掉棒叶虎尾兰叶子的一部分，插到水里，会长出根部。将生根的叶子植入土中，就可继续培养了。

招财的植物
金钱树

学　　名：*Paliurus hemsleyanus*
原 产 地：非洲
栽培难度：🍃🍃🍃🍃🍃
宠　　物：注意

　　金钱树这个名字来源于中国，因为叶子长得像一串串铜钱而得名。实际上它并非树，所以也称为"金钱草"。金钱树原产于肯尼亚、坦桑尼亚、莫桑比克、南非等非洲地区。金钱树由于其特殊的长相和名字，一般在乔迁或开业的时候，作为礼物送人，养起来也简单。金钱树的叶子有光泽，可谓魅力四射。将其放在阴凉的地方虽然可勉强生存，但在室内能够受到间接光线照射的地方是最合适的。金钱树适应环境的能力很强，但如果一直放在过涝或低温的环境中，根部会腐烂，所以要在温度和湿度上多费心。另外，它属于天南星科的植物，有致命毒性，小心不要让儿童或宠物吃到。

☀ 光照不足也没关系

金钱树在一般的环境中都能生存，所以在光照不足的地方也能适应。但比起光线照射不到的地方，在能受到间接光线照射的地方来养会更好。如果被光线直射，叶子会被晒伤，所以最好放在室内的窗边或阳台等地方。

💧 存水能力强

金钱树和土豆一样，通过地下茎储存水分，所以即使土壤干燥也能生存。另外，茎和叶柄的水分含量也非常高，所以很怕过涝，即使不经常浇水也可以生存，大概每3周浇1次水即可。也就是说，金钱树在浇水方面没什么难度。

🌡 16~20℃

适合金钱树生长的温度为16~20℃，冬季最好维持在13℃以上。在原产地，金钱树的地上部分如果在旱季期间枯死，其根茎会进入休眠状态，在下雨的时候会再次发芽。虽然在室内无法做到这一点，但在10℃以下的低温环境，金钱树就会停止生长，如果持续低温，叶子就会变黄掉落，所以要注意维持温度。

管理小贴士

1. 土和倒盆

金钱树很怕过涝，养的时候干燥一些为好，所以要选择排水性好的土。在园艺用床土中混合清洗过的真砂土和珍珠石比较好。如果种植金钱树的花盆很深很大，可以使用兰石这种轻盈的排水材料。

金钱树的根非常密，扎得很深，根很大，所以不方便经常倒盆。但一般从花店买来的大花盆里的金钱树下面，大多填充了泡沫塑料，所以长到一定程度后，最好倒盆。如果长时间不倒盆，根部还会弄碎花盆。

2. 除此之外的注意事项

- ✔ 多见光，如果环境条件好，会开花。
- ✔ 通风不好，排水不好，或者暴露在冷空气中，叶子会变黄。
- ✔ 变黄的叶子不会恢复，请剪掉。
- ✔ 变干或变成褐色的茎请果断剪掉。

开着幸运之花的藤本植物
球兰

学　　名：*Hoya carnosa*
原 产 地：东南亚、大洋洲
栽培难度：🌿🌿🌿
宠　　物：注意

　　球兰是不用费什么精力就可以养好的植物，原产于东南亚和大洋洲，属于夹竹桃科植物。"球兰"这个名字是英国的植物学家 Robert Brown 命名的，为了纪念他的一位好友——同为植物学家的 Thomas Hoy。

　　作为藤蔓性的多年生草本植物，球兰会长气根，长度达 2~3m。其叶子是多肉质，呈长椭圆形，有油亮的光泽，在 6~9 月开花，球兰的品种有 200 余种。

　　球兰虽然原产地是热带地区，不耐寒，但只要维持一定的温度，也没必要太担心，很容易养好。因为是藤本植物，所以茎会长长地延展开来；因为会出现气根，所以有附着在其他物体上生长的特性，也正因如此，可以当作空中花盆来养。

☀ 喜欢光照

最好在幽明透光、通风良好的地方培育。光照越多，新叶就长得越好，花也就开得越好。与直接受强光直射相比，透过玻璃等的间接光线更适合它，如果选择中间光照度（800~1500lx）或较高的光照度（1500~10000lx）会更好。

💧 确认叶子的状态

球兰是多肉植物，所以耐干旱，即便不经常浇水也可以生存。给球兰浇水之前要注意两种情况：一是摸叶子时，叶子松软无力；二是叶子背面的皱纹皱巴巴的。这两种情况是缺水的信号。

🌡 21~25℃

球兰是热带地区的植物，所以不耐寒。冬季温度最好维持在13℃以上，适合其生长的温度是21~25℃。另外，比起干燥，湿度应维持在40%~70%，如果太干，可以用喷雾器或加湿器等来提高湿度。

> 管理小贴士

1. 开花

据说看到球兰花的人就是幸运儿，这说明球兰是一种很难开花的植物。等它开花，需要养2~3年。但为了看这么美的花，还是值得一试的。

要想让球兰开花，首先要给其充足的光照和适量浇水，还需要通风。特别要注意不要把为了开花而爬上来的花梗，误认为是侧枝而剪掉。最开始可能看起来不像花梗，慢慢长大之后就会开出星星一样的花。

2. 除此之外的注意事项

- ✔ 选用多肉植物专用土。为了让排水更好，可以将排水剂和床土混合使用。
- ✔ 土壤如果过涝就不会开花，所以要把握好浇水的度。
- ✔ 球兰怕冷，所以一定要维持一定的温度，但如果冬季过于温暖，球兰可能会变得脆弱，就不会开花了。
- ✔ 因为是藤本植物，如果使用支架会长得更漂亮。
- ✔ 如果想增加数量，可进行扦插。与其他的藤本植物相比，球兰扦插繁殖所需要的时间更久。需剪掉有气根的部分再扦插，这样成活率更高。

净化空气的植物

你是否在担心越来越严重的沙尘暴？栽培一些净化空气能力优秀的室内植物会对你有所帮助。美国航空航天局（NASA）为了净化宇宙空间站内部的空气，研究了很多植物净化空气的能力。下面就为大家介绍一些对净化室内空气、净化有毒物质有帮助的植物。

NASA 选择的净化空气的植物排名

第 1 名　散尾葵

具有卓越排烟能力和去除挥发性有机化合物等有害物质的能力。

第 2 名　观音竹

能够有效去除空气中的氨，可以用于卫生间除味。

第 3 名　竹茎椰子

水可通过叶子从植物内散发出来，因此可作为加湿器的替代品，非常受欢迎。

第2章

帮助净化空气的植物

最棒的净化空气的植物
散尾葵

学　　名：*Dypsis lutescens*
原 产 地：马达加斯加
栽培难度：🍃🍃🍃🍃🍃
宠　　物：注意

散尾葵有着茂盛的叶子和漂亮的椰果，具有卓越的净化空气中有害物质、排出水分的能力。它的高度大约有 1.8m，每天排出 1L 的水分，放到室内也有加湿效果。尖尖的叶子向外伸展的样子很漂亮，养起来也相对容易，是大家很爱养的植物。

©Behnam Norouzi

☀ **喜欢间接光线**

比起直射光线，散尾葵更喜欢间接的光线。最好将其放在室内明亮处，能够确保每天光照达 6h 以上。夏季的直射光线会损伤叶子，要避免直射光线。

💧 **每周浇 1 次水**

散尾葵属于排水能力很强的植物，春季到秋季，大概每周浇 1 次水比较好。确认土壤的干湿程度之后再浇水，平时请用喷雾器在叶子周边稍微喷一些水即可。

🌡 **21~25℃**

虽然其生存的最低温度是 13℃，但最适生长温度是 21~25℃。它很怕冷，不要将其长时间放置在气温低的环境中。

管理小贴士

1. 叶子发黄

散尾葵有着长长尖尖的叶子，水分散发较多，所以叶尖会发黄，如果觉得有碍观赏，可以剪掉。

2. 光照少

散尾葵需要的光照度在 800~1000lx 之间，在光照稍微欠缺的地方也能够生存，但最好将其放在距离窗边不太远的客厅，或者距离窗边大概 1.5m 以内的阳台。

心形的大叶子

海芋

学　　名：*Alocasia* spp.
原 产 地：亚洲
栽培难度：🌿🌿🌿🌿🌿
宠　　物：注意

　　海芋属植物是观叶植物，有着心形的大叶子，很漂亮，人气很高。我们经常看到的海芋大部分是海芋种，株型和叶子都很大。

　　海芋一般在热带树丛、江边、湿地里自行生长，大部分为根茎性多年生植物，用来在地表爬行的葡匐茎或叶腋中生长的珠芽都可繁殖新生命。

☀️ **讨厌直射光线**

海芋虽然喜欢光照,但它习惯生长在热带地区的大树下面,所以喜欢不直接接触阳光的环境。如果被直射光线照射,可能会让叶子烧焦,所以请将其放置在室内不能接触到直射光线的明亮处。

💧 **喜欢高湿度**

虽然花盆的土湿湿的比较好,但如果水分过多会让根的呼吸受阻。浇水之前先用木筷或手指确认一下土壤干湿状态。若冬季生长慢,可以比夏季浇水次数少一些。

热带植物从特性上来说,需要维持高湿度。适合的湿度一般是 60% 以上,但一般在室内很难维持这个水平的湿度,所以需要使用喷雾器或加湿器来维持空气湿度。

🌡️ **18~25℃**

虽然 18~25℃ 很适合其生长,但维持在 15℃ 以上就没什么大问题。冬季温度大幅度下降,海芋会进入休眠期,此时是生长停滞期,所以最好停止给水和肥料。如果在室内栽培,一般不会进入休眠期,浇水的次数比其他时节少一些即可。

管理小贴士

1. 水从叶子上滴落

养海芋时,会看到水从叶子上滴落下来的情形,这种现象称为溢液现象,是正常的。植物吸收的水分中,有一部分用掉了,另一部分就排出去了,大部分以气体的形式排出,少部分通过植物的排水组织以液体的形式排出。

2. 土和肥料

海芋需要的土是排水能力好、透气性好、含有很多有机物的土,可以使用草本泥炭土和一般的园艺用床土,还有珍珠岩等大颗粒沙子混合的配合土。海芋会从春季一直生长到晚秋,在这个时间段要适当施肥,肥料的使用周期和施肥量要根据植物的生长情况而定,没有标准做法。

绿叶和白花的结合
白鹤芋

学　　名：*Spathiphyllum spp.*
原 产 地：热带美洲
栽培难度：🌿🌿🌿🌿🌿
宠　　物：注意

　　白鹤芋是天南星科植物，还有个好听的名字叫"Peace Lily（和平百合）"。其在光照度低的室内环境中也能生存，叶子的形状美观，白花也很漂亮，净化空气的能力强，是一种很适合在室内栽培的观叶植物。

　　白鹤芋的原产地是热带美洲，生长在遮光好、温暖湿润的环境中。所以在室内栽培的时候也要选择光照稍微少一点的半阴地为好。

©Outi Marjaana

☀ 喜欢高温高湿的地方

白鹤芋生长在热带雨林的大树下面，所以最好种在半阴处、没有光线直射的地方。白鹤芋的故乡如此，所以喜欢高温高湿的环境。

💧 喜欢土壤干燥

土壤看起来干燥的时候（表土干燥的时候），可以浇水，但注意不要过量。虽然白鹤芋很耐过涝，但还是不要过涝为好。观察叶子，可以等到看起来枯萎的时候再浇水。

🌡 20~25℃

适合白鹤芋生长的温度是 20~25℃，若想在冬季也能正常生长，那就需要将温度维持在 13~15℃。如果温度降至 7~8℃，白鹤芋就会死亡，所以要注意维持温度。

> **管理小贴士**

1. 繁殖

通常每 2 年分株繁殖 1 次。从花盆里完全取出白鹤芋的茎后，顺着叶子的纹理切成 2 份以上（3~4 根茎），种在其他花盆里即可。分株的时候要注意不要折断根部，种植在直径不超过 15cm 的花盆里。

2. 土壤和肥料

种植白鹤芋的土以混合树皮堆肥的土为基础，最好混合沙子和珍珠岩来提高排水能力。如果能做到浇水有度、光照合适，就不需要特别的关注。如果想施肥，施肥量要比普通室内花草的施肥量少（只需 1/2 或 1/4 的量），在白鹤芋生长最活跃的春夏，2 个月施肥 1 次比较好。

清晰的叶脉和美丽的花
花烛

学　　名：*Anthurium andraeanum*
原 产 地：热带美洲
栽培难度：🌿🌿🌿🌿🌿
宠　　物：注意

　　花烛俗名红掌，属于天南星科，英文名叫 Flamingo Lily，来源于"尾巴模样的花（Tail Flower）"的两个希腊语单词。全世界大概有 600 种，在哥伦比亚就有约 500 种，其余的分布在热带美洲。花语是"烦闷，为爱烦闷之心"。市场上有很多种花烛，分为观花品种和观叶品种。

☀ 讨厌直射光线

虽然每个品种的花烛适宜的光照条件都有所不同，但 16000~27000lx 的光照度是比较合适的。也就是说，要尽可能避开直射光线，将其放在半阴处。花烛没那么喜欢光照，所以即便要见光，也最好在上午，下午的时候放到遮光处。

💧 不要将其放在过潮的地方

将其放在太潮的地方根部容易腐烂。所以在花盆的土干了之后再充分浇水为好。花盆托里的积水一定要马上清空。相对湿度要维持在 40% 以上。

🌡 18~30℃

花烛生长在热带地区，很不抗冻，适合生长的温度是 18~30℃，夜间维持在 17~23℃。秋季之后要维持在 13~15℃甚至以上才能够越冬。如果将其长时间放置在 15℃以下的低温环境中，花烛会出现叶子掉落变黄的情况，要想恢复需要很长时间，这一点需要注意。

> 管理小贴士

1. 害虫

在室内养的花烛很容易受到蜱螨和蜡蚧的伤害，和其他室内植物一样，需要一直观察其是否受到害虫的伤害，观察是最好的防灾方法。如果发现害虫，初期要喷洒环保杀虫剂。

2. 土壤和肥料

花烛的培养基的排水性要比一般观叶植物的好，在保水力相对低的土壤中会长得很好。可以使用松树树皮、花生壳、树枝的碎渣等材料混合培养基。如果使用过多的草本泥炭土，根部会出现问题，这一点要注意。将水苔、树皮、珍珠岩等按照相同比例混合使用，也是一种很不错的培养土。

在施肥方面，液体肥料的施肥周期为每月 2 次，固体肥料为每 6 个月施 1 次，放在土上即可。花烛不是多肥性植物，所以比起一次性施很多肥，不如持续规律地施肥更好。花烛和大部分植物一样，要一直细心养护，根据植物的形态进行施肥是最好的方法。

拱形的叶子

波士顿蕨

学　　名：	*Nephrolepis exaltata* 'Bostoniensis'
原 产 地：	中国台湾，热带亚洲
栽培难度：	🌿🌿🌿🌿
宠　　物：	注意

　　波士顿蕨是室内观叶植物，在家中、咖啡店、办公室经常用吊盆养。其叶子的外观很独特，生长速度也很快，感觉眨眼间花盆就长满了，而且造型丰富，是一种经常用来装饰环境的观叶植物。原产于热带雨林，净化空气的能力卓越。

☀ 喜欢光少的地方

波士顿蕨喜欢半阴地，所以在光照不太多的室内也可以蓬勃生长。波士顿蕨如果被很强的直射光线照射，颜色就会变黑，甚至死亡，所以最好放置于半阴地或能够隐隐地受到光照的地方。要避免放置在有直射光线的地方，可以放在朝北的窗前或朝南的窗户旁边。

💧 记住重量

波士顿蕨的浇水方法和其他室内植物一样。根据天气、温度、湿度、季节等，浇水的周期和浇水量每次都不同。波士顿蕨的生长速度很快，瞬间就能覆盖花盆，因此很难确认表土的干湿状况。所以尽可能熟悉充分浇水时的重量和缺水状态的重量，这样就能够确认什么时候缺水了。

🌡 15~25℃

波士顿蕨是热带植物，温度最好维持在15~25℃之间。冬季尽可能将环境温度保持在13℃以上的温暖状态。

管理小贴士

1. 繁殖

如果波士顿蕨已经成长到让人感觉花盆很小的程度，那么在换盆的过程中可以通过分株繁殖来增加数量。首先，决定好要分株的部分，然后在不伤害根部的前提下分离根部。尽量不让根部受伤，只把缠绕在一起不能解开的地方切开即可，然后把分好的植株种在花盆里就可以了。

2. 土壤和肥料

波士顿蕨在有机质丰富的花盆专用配合土中会长得很好。因为根部纤细，很容易受到过涝导致的伤害，所以要选用排水和透气性好的土。

来自非洲的净化空气的植物
虎尾兰

学　　名：*Sansevieria* spp.
原 产 地：非洲
栽培难度：🌿🌿🌿
宠　　物：注意

虎尾兰有 70 多个种类，属于"虎尾兰属"，净化空气的能力很强。在非洲这种干燥的环境中也能够生存，其叶子里可以保存水分。因为不太受季节和环境的影响，所以养起来并不难，但与温度经常变化的地方相比，一年四季在温度相对固定的地方养比较好。

☀ 喜欢光照

虎尾兰在光照不足的地方也能一定程度地生长，但如果自然光不足，就会出现叶子长得很细的现象。所以请将其放在明亮的窗边养。

💧 储存水分的能力强

为了在炎热的地方生存，虎尾兰叶子内储存水分的能力非常强。随时确认表土的干湿程度，但如果浇得太频繁，可能会过涝，所以需要注意。

🌡 20~24℃

虎尾兰生长可耐受的低温是5~10℃，适合生长的温度为20~24℃，但因为其来自气候炎热的地区，不太喜欢寒冷，所以不要将其长时间放在寒冷的地方。

管理小贴士

1. 和棒叶虎尾兰是朋友

还记得第80页的棒叶虎尾兰吗？棒叶虎尾兰也是虎尾兰属的一种，圆锥形的长叶子很漂亮，所以很受欢迎。虎尾兰不耐潮湿，所以最好注意观察土壤的干枯程度再浇水。

2. 开花

观察虎尾兰，如果3月左右出现了花骨朵，此时就需要更多的光照。花晚上开，白天闭合。

变红的叶子和果实
南天竹

学　　名：*Nandina domestica*
原 产 地：东亚
栽培难度：🌿🌿
宠　　物：注意

　　南天竹是原产于东亚的一种植物，其特征是红色的叶子和果实。南天竹是很抗冻的植物，所以经常用作户外装饰树。越冬的时候叶子会掉落，以应对寒冷，春季来临时又会发出新叶。夏季到冬季，叶子会由绿变红，结出果实。每个季节都有不同的魅力，放在室内也是不错的选择。

©Omyohan Dorsi

☀ 喜欢光照

南天竹是非常喜欢光照的植物。可以直接搬到室外养，也可以放在窗边或离室内较近的地方。

💧 表土干枯时

表土（花盆的10%~20%）干枯的时候浇水比较合适。如果土壤太干燥，叶子会一次性掉落很多。在天气寒冷的冬季，浇水的频率可稍微放缓。

🌡 16~24℃

适合南天竹生长的温度在16~24℃之间。在-5℃也能生存，很抗冻。在气候温暖的地区可以将其放在室外过冬。

管理小贴士

1. 土壤管理

如果栽培南天竹的土壤水分过多，很容易导致过涝，所以最好使用排水功能好的土或排水底座。

2. 剪枝

南天竹在秋季会结果实，所以生长速度有放缓的倾向。在晚春的时候剪枝，会对其生长有帮助。剪枝的时候去除枝条中长得太细太长的，或者底部生长太慢的枝条。

3. 叶子掉落的现象

如果叶子一下子掉光，需要综合考虑光照、湿度、土壤的干燥度等各种原因。如果最近把南天竹移动到了新环境，要让其重新慢慢去适应。

对宠物友好的植物

您和可爱的宠物生活在一起吗？宠物的好奇心很强，植物很可能会被宠物咀嚼、撕扯，或当成美味吃掉。所以养猫养狗时，最好选择无毒的植物。美国防止虐待动物协会（ASPCA）一直在研究并补充动物摄取或接触时对其有害的植物明细。最好在这个协会的网站上搜索一下植物的信息再选择为好。

但无论是多么安全的植物，如果宠物直接吃或过量食用，都有引发异常反应的可能。不管是什么植物，和动物一起养的时候都需要格外注意，将其放在动物够不到的地方。

对宠物友好的植物如下。

1. 小型植物

柠檬草、香蜂花、莳萝、迷迭香、苦参刺槐、镜面草、巢蕨。

2. 中大型植物

槟榔、肯尼亚棕榈、散尾葵、木樨榄、金钱树、山茶。

3. 藤类植物

鹿角蕨、波士顿蕨、空气凤梨。

第3章

可以和宠物一起养的植物

长得铜钱一样的可爱的叶子
镜面草

学　　名：*Pilea peperomioides*
原 产 地：中国西南部
栽培难度：🌿🌿🌿🌿🌿
宠　　物：安全

镜面草的学名是 *Pilea peperomioides*，一般简称 "*Pilea peper*"。中国西南部的云南省是其原产地，在其他国家也叫它"中国钱币草"，在韩国一般称其为"金钱草"。因为这种植物的叶子是圆圆的，长得像铜钱，人们认为其能带来财运，所以很有人气。

镜面草虽然属于多肉植物，但因其喜欢水，所以可以用水培的方式养，其去除有害物质的能力很强。

© David Vázquez

☀ 喜欢光照

镜面草喜欢光照，有光照才能让其健康成长。但很强的直射光线会让叶子晒伤，所以请放置在半阳地。最好放置在室内南向的阳台，或者像客厅窗边一样光线能透过来的明亮的地方。如果光线总是朝一个方向照射，对植物的形状会有影响，所以请定期转动花盆。

💧 确认土壤干湿程度

一般来说，土壤干时浇足水。2~3cm 深的土干了，或者花盆的重量明显轻了的时候浇水。另外，镜面草的叶子向下耷拉时，是因为水分不足，此时应浇足水。

🌡 13~30℃

镜面草是喜欢温暖气候的植物，不抗冻。在 13~30℃ 的环境中培养，可以不用过分担心温度，但在寒冷的冬季要注意不要让室温低于 10℃。另外，如果将其放在像阳台一样温度变化较大的场所，就要更加注意，并且不要让其直接接触空调或小太阳之类的电器。

管理小贴士

1. 土壤

镜面草用一般的排水性好的土来栽培就足够了。使用市面上容易买到的园艺用床土种植，就能长得很好，镜面草的生命力非常强，即便如此，如果通风不好也不行，最好将真砂土、珍珠岩、蛭石等混合，占整个土壤量的 1/5 左右为好。

2. 繁殖

镜面草的生命力强，除了原本的茎之外，可以用修剪好的枝条进行插枝。插枝的时候要尽量选择排水性和透气性好的土，如加入水苔、蛭石、真砂土等材料。分离的茎插入水中，若长出根部，就可以移动到土壤中种植了。

地中海沿岸的代表植物
木樨榄

学　　名：	*Olea europaea*
原 产 地：	意大利、地中海沿岸
栽培难度：	🌿🌿🌿🌿
宠　　物：	安全

木樨榄俗名油橄榄，养护起来并不难，是适应性很强的植物。又因其造型多样，所以很多新手会选择它。只要光照充足，就能适应大部分地区的气候，可以茁壮地生长。

木樨榄的主要品种

1. Arbequina（阿尔贝吉娜）：主要生长在西班牙，是韩国最常见的木樨榄。

2. Mission：这是主要生长在加利福尼亚的油橄榄，耐寒能力稍强。

3. Kalamata（卡拉马塔）：卡拉马塔橄榄可以食用，能够长到比一般的木樨榄大 2 倍。

☀ 光照和风很重要

木樨榄需要放在有光照、通风好的地方。如果光照不足，叶子就会长得过大。反之，如果照射过多的直射光线，叶子就会被晒伤。

💧 耐旱

木樨榄是耐旱的植物，不经常浇水也没事。从春季到秋季，表土干的时候浇水。冬季的时候，稍微深一点的土干了再浇水。如果频繁浇水，叶子会变成黄色、黑色，出现过涝现象。

🌡 18~23℃

虽然木樨榄生长的最低温度是15℃，但最适合生长的温度是18~23℃。在光照不充足也不温暖的地区，会受到冻害。

> 管理小贴士

1. 果实

在室内栽培木樨榄时，很难结果，木樨榄的花受精很挑剔。如果不是能自己结果的品种，就要放到外面，凭借大自然的力量进行受精。

2. 光照，还是光照

在光照不足的环境下养木樨榄，叶子会哗哗地掉落，一定要确保其受到充足的光照。

倒挂的蝙蝠模样
鹿角蕨

学　　名：	*Platycerium wallichii*
原 产 地：	东南亚、澳大利亚
栽培难度：	🍃🍃🍃
宠　　物：	安全

　　鹿角蕨并不像其他植物那样在土里生根长大，而是依附在石头上生长的一种寄生植物。鹿角蕨能够去除室内的粉尘，净化空气的能力很强，对宠物来说也是一种安全的植物。因为其长得像鹿角，所以被称为"鹿角蕨"。因为叶子的形状很像蝙蝠倒挂的样子，所以也被称为"蝙蝠蕨"。

☀ 喜欢光照

选择有光照且通风的地方栽培鹿角蕨为好。但如果直射光线过强，叶子会被晒伤。

💧 喜欢潮湿

鹿角蕨属于寄生植物，当发现苔藓或石头干涸的时候浇足水即可。如果鹿角蕨的叶子蔫了，也可以浇水。此外，随时用喷雾器在空中喷洒，也是增加湿度的方法。

🌡 15~25℃

适合鹿角蕨生长的温度是 15~25℃。因为其主要生长在热带雨林，所以很不抗冻。冬季的温度最少要维持在 10℃以上。

> 管理小贴士

1. 湿度管理

鹿角蕨喜欢湿度高的环境，需要经常确认环境状况进行浇水，要用喷雾器喷洒周围，时刻保持湿润的状态。

2. 褐色的外套叶

鹿角蕨有外套叶（营养叶）和主管生殖的孢子叶（生殖叶）。和修长的孢子叶不同，外套叶是圆圆的，环绕在根部周围。外套叶变成褐色是正常的自然现象，不用管。

粘着石头的"粘人精"
风兰

学　　名：*Neofinetia falcata*
原 产 地：中国、韩国、日本
栽培难度：🍃🍃🍃🍃
宠　　物：安全

　　风兰和第 108 页的鹿角蕨类似，在中国等东亚国家生长，属于寄生植物。在韩国南海的小岛上，现在还可以发现野生的风兰，是依附着石头和树生长的。因其有着好养的特性，从古至今一直被当作园艺植物，深受大家的喜爱。

☀ 避免直射光线

风兰原本是依附在树干或石头上生长的植物，所以并不需要很多的光照。比起能够被直射光线照到的地方，放置在半阴处来养会更好。

💧 保持空气湿润

风兰非常喜欢水。当风兰依附的石头或树干干燥的时候，就要浇水了。冬季的时候叶子产生皱纹，就说明缺水了，但如果浇水过量，也会让植物受到过涝的危害。

🌡 20~25℃

适合风兰生长的温度是20~25℃，最低温度为5℃，最高温度为30℃。

管理小贴士

1. 湿度管理

风兰喜欢湿度高的环境，需要经常确认环境状况进行浇水，还要用喷雾器喷洒周围，时刻保持湿润的状态。

2. 花

夏季的时候风兰会开出纯白色的大花，正如其名一样，香气会随着风散发到空气中，很好闻。

冬季绽放的红色花
山茶

学　　名：*Camellia japonica*
原 产 地：东亚
栽培难度：🍃🍃🍃
宠　　物：安全

山茶在很难看到花朵的冬季可以开出漂亮的红色花，正因为这个特性，韩国人把山茶称为"冬柏"，把最喜欢山茶花花蜜的鸟叫作"冬柏鸟"（暗绿绣眼鸟）。山茶从冬季到第2年春季能够一直开花。

☀️ **很需要光照**

山茶是非常喜欢光照的阳地植物。将其放置在光照充足的地方栽培，花会开得更好。

💧 **确认表土干湿**

山茶喜欢土壤干燥而空气湿度高的环境。表土干的时候要浇水，要持续在空中喷雾，保持空气湿度。在花芽分化以后，要保持表土不干枯，维持水润的状态。

🌡️ **16~19℃**

在26℃以上的高温环境中，山茶花开得不会很久，开得早谢得也早。如果想持续看到花，最好将其放置在10℃左右凉快的地方。

适合山茶生长的温度是16~19℃。

> **管理小贴士**

1. 想长大，需要搬家

山茶植株小的时候要放在有半天光照的半阳地养，大了之后要转移到能接受更多光照的地方。栽培山茶，排水好才能长得好，所以使用排水孔大的花盆比较合适。

2. 花的管理

花开时节，最好不要施肥，因为花有可能因营养成分过多而突然凋谢。

像鸟巢的植物
巢蕨

学　　名：*Asplenium nidus 'Cobra'*
原 产 地：东南亚、澳大利亚
栽培难度：🌿🌿🌿
宠　　物：安全

巢蕨是蕨菜和蕨类植物的一种，主要生长在高温潮湿的热带地区。有的品种内侧的叶子很像眼镜蛇，而称为眼镜蛇巢蕨。其生长速度有些慢，但生命力和对室内环境的适应力比较强。对光照量不敏感，去除室内化学物质的能力很强。

© Omyohan Dorosi

☀ 半阳地/半阴地

巢蕨仅凭室内的照明就能够长得很好，是一种对光照不敏感的植物。如果长时间暴露在直射光线之下，叶子容易晒伤，所以放置在光线能够透进来的半阳地或半阴地栽培为好。

💧 喜欢潮湿

巢蕨是喜欢潮湿环境的蕨菜类植物，所以要经常确认表土的干湿程度再浇水。水分不足，叶子就会变软无力，所以要确认叶子的状态再浇水为好。

🌡 18~25℃

巢蕨生长的最低温度是15℃，温度越低，生长速度越慢，所以不要让室内的温度变低。其适宜生长的温度为18~25℃。在冬季最好移动到温暖的房间。

> 管理小贴士

1. 叶子的管理

由于叶子弯曲，上面会有很多灰尘。及时用喷雾器给叶子喷洒水，让叶子保持干净，但如果叶子有存水，也会腐烂掉。

2. 施肥

巢蕨的生长期在 4~9 月之间，此时可以浇或插入一些经过稀释的、浓度低的液体肥料，1~2 周施 1 次肥比较合适。

养植物，光照很重要

家里光照不太足，是困扰养植物的人的一个难题。幸运的是，有很多植物即使在光照不足的环境中，也可以长得很好。根据各个植物的特性，给其提供适合的环境，都能养得很好。

第4章

家里光照不足，就选择适合在半阴地生长的植物

室内适应力好，叶子美观的橡胶树
大琴叶榕

学　　名：*Ficus lyrata*
原 产 地：西非
栽培难度：🍃🍃🍃
宠　　物：危险

　　大琴叶榕的叶子大、颜色深，是在光照少的环境中也能很好地适应的植物之一。因为很少受到害虫的危害，所以不太有时间打理植物的人，也可以养得很好。因为叶子的形状很漂亮，所以很多时候都养在种植园里。

© Lauren Mancke

☀ 在暗处也能长得很好

即使处于光线少的环境中，大琴叶榕也能长出颜色深的巨大叶子，这说明其适应环境的能力很强。其需要的光照量和其他植物相比不多也不少，但因为有巨大的叶子，所以在没有多少光透进来的室内也能够生长。

💧 从春季到秋季，要确认土表面的干湿程度

大琴叶榕和其他植物的浇水周期没有大的差别。春季到秋季，选择表土干涸的时候浇水；冬季选择土下面的部分干涸的时候浇水。

🌡 16~20℃

适合大琴叶榕生长的温度为 16~20℃，最低温度大约为 13℃。叶子越大，净化空气的效果越好，所以要经常用湿布擦拭叶子，使叶子能够呼吸顺畅，快速生长。

> 管理小贴士

1. 选择树干粗壮的

光照越不足的环境，越要选择树干粗壮的大琴叶榕。如果茎太多，本来就不足的光照或养分就会被分散。所以要购买树干粗壮的，到了春季通过剪枝来打理株形。

2. 毒性

大琴叶榕对儿童和宠物都有害。要注意不能吃大琴叶榕的枝叶，也不要抚摸，当接触了大琴叶榕的枝叶后，要将手洗干净。

莱昂的朋友
银后亮丝草

学　　名：*Aglaonema* 'Silver Queen'
原 产 地：中国、东南亚
栽培难度：🍃🍃
宠　　物：安全

还记得电影《这个杀手不太冷》(又名《杀手莱昂》)里面，主人公抱着的花盆吗？那个花盆里的植物就是银后亮丝草所属的广东万年青属的一个种类，原产地在东南亚，该属品种大概有 200 多个。在中国，这个植物有长命百岁的寓意，所以经常被当作礼物送人。银后亮丝草原本生活的地方是大树下面的阴凉地，所以具有在光少的地方生长的特性。

☀ 即使光少也没关系

银后亮丝草虽然在光少的环境中也能长得很好，但如果环境过于阴暗，其生长也多多少少会停滞。银后亮丝草最值得骄傲的就是其叶子上的白色纹路，如果光少，白色纹路也会变浅。反之，如果在光太强的环境，叶子就会变黄，所以要注意观察，找到适合的环境。

💧 喜欢水

银后亮丝草是喜欢水的植物。确认土壤的干湿程度再浇水，就会长得很好。由于其喜欢湿度高的环境，所以可以通过在空气中喷雾来保证叶子的湿度。

🌡 20~25℃

适合银后亮丝草生长的温度为20~25℃，不抗冻，注意冬季不要让温度掉到10℃以下，如果低于10℃，银后亮丝草会受到冻害，叶子上的白色纹路就会变浅。

> **管理小贴士**

1. 叶子上的白色纹路变少

银后亮丝草最大的特征就是像雪花般白色的纹路。在昼夜温差大的时候长时间放在室外，或者长时间放置在10℃以下的环境中，白色纹路就会变浅，此时移到温暖的地方，白色纹路就会又出现了。

2. 水培栽植

银后亮丝草是通过水培栽植也能生长的植物。将其根部的土全部去除后，放到杯子里加水后也可以养活。长到一定程度后，可以将茎部分为两份，插入水中，就会繁殖出新的银后亮丝草。

耐干旱、好打理的植物
绿萝

学　　名：*Epipremnum aureum*
原 产 地：所罗门群岛、印度尼西亚
栽培难度：🍃🍃🍃🍃🍃
宠　　物：注意

绿萝净化空气的能力强，对环境的适应力卓越。绿萝是藤本植物，最长可以长到约40m，可以通过水培栽植的方式，将其插到水中栽培。在没有光照的半阴地或干燥的环境中也能生长，对新手来说，是很适合栽培的植物之一。

©Choroksangsa

☀ **在暗处也能长得很好**

和光照量无关，绿萝在大部分室内空间都能够生长。室内的阴暗处、客厅或阳台，都是适合绿萝生长的地方。绿萝被外面的直射光线照久了，可能会晒伤。

💧 **小心过涝**

春季到秋季，表土干枯时浇水，冬季，浇水的频率要再低一些。栽植如果不确定何时应浇水，也可以干脆选择水培栽植的方式。

🌡 **21~25℃**

绿萝在13℃以上的室内环境都能够顺利生长。但如果长时间放置在15℃以下的环境里，就会受到冻害。最适合绿萝生长的温度是21~25℃。

管理小贴士

1. 通过叶子确认健康情况

绿萝的叶子上有刮伤痕迹或黑色痕迹时，很大可能是浇水有问题。当新叶张开的时候，如果水分不足，张开时会出现伤口，所以要充分供水。如果有黑色痕迹，则有可能是水分过多，请注意不要过涝。

2. 修剪形状

绿萝是一种长枝的藤本植物，栽培的方向不同，叶子的大小也不同。如果向下垂着来养，叶子的大小不会变大；反之，如果沿着支架往上长，叶子会长得更大。

寻找适合自己家的植物

您现在已经对植物有一定的了解了,可以确认家中的环境和植物的状态,知道植物目前所需。那么现在挑战一下更难栽培的植物吧。

第5章

充满自信地挑战
更难养的植物

© 于红茹

以新西兰原住民的名字命名的植物
童话树

学　　名：*Sophora prostrata*
原 产 地：新西兰
栽培难度：🌿🌿🌿🌿🌿
宠　　物：注意

　　童话树也被称为新西兰槐，是原产于新西兰的豆科植物，用新西兰原住民毛利族的名字命名㊀。因为其有漂亮的株形，最近很受欢迎，但也因难养而闻名。在原产地可以长到2m高，在韩国大概可以长到1m左右。茎很细，长成"之"字形状，叶子又小又圆。

㊀ 韩文原文中将该植物称为"Maori Sophora"，取毛利族的"Maori"和表示苦参属的"Sophora"相结合。在中国一般称之为"童话树"。—译者注

☀ 喜欢光照

因为童话树生长在新西兰的向阳之处，所以非常喜欢光照，必须要将其放在白天有充足的光照且通风良好的地方栽培。如果可能，最好放在室外有光照之处栽培，但盛夏的直射光线会晒伤叶子，要小心。

💧 小心过涝

在气温低的冬季，最好等到土壤深处干涸时再浇水。童话树是对过涝很敏感的植物，要经常确认土壤的干湿程度再浇水。浇水之后，花盆底部的积水要马上倒掉，这样可以避免过涝。

🌡 10~25℃

童话树生存的最低温度是5℃，但更适合在室外温暖之处生长，对低温环境不适应，很容易死掉，其适宜生长的温度为10~25℃。对忽然变化的环境很敏感，如果想换环境，那也要慢慢更换位置让其适应。

管理小贴士

1. 倒盆

由于童话树对环境很敏感，倒盆的周期要比其他植物长一些。如果童话树的冠幅长得比花盆还大，那就在园艺用床土之中混合一些排水性好的土进行倒盆。

2. 毒性

童话树含生物碱，是有毒的，注意不要让儿童和宠物吃它。

明亮的浅绿色小植物
威尔玛金冠柏

学　　名：*Cupressus macrocarpa* 'Wilma'
原 产 地：北美
栽培难度：🌿🌿🌿🌿
宠　　物：注意

　　威尔玛金冠柏主要生长在北美，经常被当作庭院植物栽培，具有分泌让人头脑清醒的植物杀菌素，以及去除甲醛等不良气体的效果，越来越多的人渐渐选择将其当作室内植物栽培。在合适的时节进行剪枝，可打造出漂亮的造型。因为其对光和风很敏感，在室内栽培的时候需要细心养护。光照越足，叶子的浅绿色会越明显；光照越少，叶子的绿色就会越深。

☀ 每天光照 10h 以上

威尔玛金冠柏原本是在室外生长的植物，在光线明亮或有直射光线的环境下会健康地生长。每天光照达10h以上，不要将其放到阴凉处，要放置在阳光能照射到的地方。

💧 细心浇水

对威尔玛金冠柏浇水需要细心观察。因为其被直射光线大量照射，水分蒸发很快，很容易变干燥。需要细心观察，持续保持土壤湿润。在气温低的冬季，土壤干涸的速度会放缓，所以要确认好干湿状态再浇水。

🌡 16~20℃

威尔玛金冠柏存活的最低温度是5℃，但最适合生长的温度在16~20℃之间。如果气温跌至零下则其会受到冻害，叶子也会受到伤害。在昼夜温差大、春寒时节等急速降温的时候要注意，尽可能在5℃以上的环境中栽培。

管理小贴士

1. 褐变现象

褐变现象是指威尔玛金冠柏的叶子变成褐色，可能因为土壤干涸、过涝、光线和通风不足等原因所导致。在重新确认土壤干湿程度、浇水之后，去除褐变的叶子。

2. 小心过涝

虽然威尔玛金冠柏是很喜欢水的植物，但如果浇水过多也会给其带来伤害。要用手指确认土深 2~3cm 之处的干湿情况，土壤充分干涸后再浇水。

鲜红似火的圣诞花

一品红

学　　名：*Euphorbia pulcherrima*
原 产 地：墨西哥
栽培难度：🍃🍃🍃🍃
宠　　物：注意

　　一品红是大戟科大戟属的热带灌木，原产地是墨西哥。每当白天逐渐变短，温度下降，一品红的苞叶就会变红，被广泛用于圣诞节的装饰，深受欢迎。

　　大家经常认为其红色部分是花，其实是苞叶。一品红的花在红色的苞叶中间，是黄色的。苞叶在白天变短的时候变红，等春季白天开始变长直到夏季，会变回绿色。

☀ 喜欢光照

一品红很喜欢光照。要想看到其魅力四射的苞叶，就要让它见到阳光。把它放到每天能见到 5h 以上阳光的地方栽培为好。另外，一品红的叶子容易长霉菌，要注意通风。

💧 浇水过多会造成伤害

一品红很怕过涝，浇水的时候一定要留意。要经常确认土壤的干湿状态，春季到秋季，表土干涸就浇水，冬季要在花盆的土壤深处都充分干涸之后再浇水。另外，在浇水的时候，注意不要让一品红的叶子碰到水。最好使用有长长壶嘴的浇水壶。

🌡 20~26℃

一品红是很不抗冻的植物。白天要维持在 24℃ 及以上，晚上要维持在 18℃ 及以上，尽可能使温度保持在 20~26℃。在寒冷的冬季，温度最低也要维持在 10℃ 以上。尽可能不要让其直接接触到冷空气。一旦接触到冷空气，叶子瞬间就会打蔫。

管理小贴士

1. 关注苞叶颜色

当白天变短的时候，一品红特有的红色苞叶才会出现。因此，为了看到极具魅力色彩的一品红，每年必须要对其进行避光处理。

从 10 月开始，每天下午 5：00 之后就要让一品红避光，让环境变暗。可以用箱子盖住，或者将其放到柜中、不见光的地下室等处。白天放置在能接触到阳光的窗边，规律地浇水。持续这一过程直到 11 月，就能看到一品红的花芽了（开花和苞叶变红同时出现），之后将其放置在有光线的明亮窗边即可。

2. 剪枝

一品红可以通过剪枝产生新的幼苗，并为第 2 年绽放新的花朵而生出新枝。一品红在花谢后几乎不活动，进入休眠期，这时浇水的周期要比平时长一些。如果在春季到初夏之间长出新的枝条，就把老的枝条剪掉，一品红高 15~20cm，果断剪掉大约 1/3（或 1/2）长度的枝条。

收获清香的柠檬

柠檬

学　　名：*Citrus limon*
原 产 地：喜马拉雅
栽培难度：🌿🌿🌿🌿
宠　　物：注意

　　柠檬的原产地是在喜马拉雅，现在在东南亚各国、澳大利亚、意大利、西班牙、美国等地都广泛种植。其中，在地中海沿岸种植的柠檬品质最好。在相对凉爽、无气候变化的地方生长的柠檬高度可达 3~6m，在 5~10 月之间，叶腋会盛开一朵或一簇花朵，花苞是红色的，花的里面是白色的，外面的红色还有一些泛紫，这就是其特征。柠檬的花语是"忠实的爱情"。

☀ 喜欢光照

柠檬很喜欢光照。在室内栽培的时候最好放置在一天都能够受到光照的客厅、窗边或阳台。如果不能给予充足的光照，最好用植物灯照射 8~12h，以补充光照。

💧 每周浇水

柠檬最好每周都浇水。如果不能充分地浇水，柠檬产生的盐分会积攒在土壤中，给生长带来负面影响。土壤应尽量保持湿润，但也要注意不要过涝。浇水的时候要浇透，浇到让水流到花盆外面的程度。

🌡 22~30℃

适合柠檬生长的温度是 22~30℃。在白天平均温度大约 21.2℃，晚上平均温度 12.8℃的环境生长最佳。尽可能维持温暖的生长环境，冬季温度维持在 10℃以上。温度如果过低，柠檬就会进入休眠期，停止生长。

管理小贴士

1. 种柠檬种子

去超市购买柠檬，取出里面的种子进行播种即可。很多柠檬都是这么种植的。但选择用种子种植柠檬，到结出果实大概需要 7 年。如果希望快速结果，推荐选择已经生长了 2~3 年的树苗。

2. 茎和皮

柠檬的茎有刺，在室外栽培没什么关系，但在室内时，最好去除。另外，柠檬的皮包含植物性精油成分，如果被宠物误食，会引起消化不良，这一点需要注意。

华丽的叶脉
肖竹芋

学　　名：*Calathea* spp.
原 产 地：热带美洲
栽培难度：🌿🌿🌿🌿
宠　　物：安全

　　肖竹芋生长在热带美洲的潮湿丛林中，是地被植物，有 100 多个野生品种。在西方称为孔雀草（Peacock Plants）或响尾蛇草（Rattlesnake Plants）。叶脉很华丽，最近很受喜爱。最具代表性的品种是叶子长得如孔雀羽毛一样的孔雀竹芋、叶子最大且具有光泽的绒叶肖竹芋、叶子背面是紫红色的华丽品种——七彩竹芋。

☀ 不喜欢直射光线

不同的品种适合的光照度有些许的差异，但大体上都在 15000~20000lx 之间。一般正午的阳光下，光照度是 100000lx，所以 22% 的光照度是适合的。避免放置在室内能够直接接触到直射光线的地方，要放在能接触到间接光的地方栽培。

💧 经常确认土壤状态

肖竹芋对干燥很敏感，要经常确认土壤状态来适度浇水。在土壤表面 2~3cm 深处维持潮湿的状态为好。

🌡 20~27℃

适合肖竹芋生长的温度为 19~30℃，其中 20~27℃ 是最合适的。肖竹芋喜欢高温潮湿的环境，如果长时间放置在低温潮湿的环境下，容易得灰霉病。冬季最好维持在 13℃以上。

管理小贴士

1. 管理湿度

空气湿度最好维持在 60% 左右，但土壤并不喜欢潮湿的环境。如果持续潮湿，容易得根腐病，最好将土壤的湿度维持在合适的水平。栽培肖竹芋的时候土壤既不能过干，也不能过湿，这是维持肖竹芋健康的秘诀。

2. 叶子的特性

白天为了能多得到光照，叶子会张开；晚上为了维持水分和温度，叶子会聚拢起来。叶子低垂并非因为有异常。

亮晶晶的、有光泽的叶子
咖啡树

学　　名：*Coffea* spp.
原 产 地：南非、南亚
栽培难度：🌿🌿🌿🌿
宠　　物：安全

咖啡树是热带常绿灌木，如果养护得好，1年内可以一直看到亮晶晶且有光泽的叶子。在原本的气候条件下，1年可以开2次白花，花谢了之后就结果。咖啡树可以长到大约5m高，在家栽培时就需要剪枝。咖啡树在全世界有40多种，一般种植的有2种，分别是小粒咖啡与中粒咖啡。

小粒咖啡（*Coffea arabica*），俗名阿拉卡比咖啡，叶子细长，根部深深扎下。

中粒咖啡（*Coffea canephora*），叶子宽大，根浅，耐病虫害。

☀ 讨厌直射光线

咖啡树是喜欢光照的植物，但要避免放在野外一整天都能照到直射光线的地方。最好放到早晨或晚上有阳光的地方，或者遮光、通风良好的地方。在盛夏，请放在遮光条件好一点的地方。在室内，最好放在光照充足的阳台或客厅窗边。在温暖的季节，每 2~3d 在外面晒 1 次，让阳光充分照射。

💧 春到秋季要更频繁浇水

每个季节浇水的周期都不同。春、夏、秋季每 2~3d 浇 1 次。冬季周期要拉长，每周 1 次即可。与其严格按照次数浇水，不如仔细观察花盆中土壤的干湿情况，再选择浇水的时机更好。

🌡 20~25℃

咖啡树在 20~25℃ 时长得最好，冬季也要维持 10℃ 以上的温度。但咖啡树讨厌 30℃ 以上的高温，这一点要注意。

管理小贴士

1. 适合的温度

不在适合生长的温度区间内，咖啡树就会停止生长。另外，因为病虫害或天寒，咖啡树很容易受到伤害，要为其创造适合生长的环境。

2. 种子和花

若进行播种培养，最少要 2~3 年才能育成健壮植株，一般要 4~5 年才能开花结果。咖啡树的花朵很快凋落是很自然的现象，并没有想象中那么长的开花期。

代表澳大利亚的植物
桉树

学　　名：*Eucalyptus* spp.
原 产 地：澳大利亚
栽培难度：🌿🌿🌿🌿🌿
宠　　物：注意

　　桉树叶是树袋熊喜欢的食物，桉树是澳大利亚的代表性植物之一。全世界有 700 多种桉树，但树袋熊食其叶的桉树约有 10 种。它是一种极易过涝或干燥的植物，栽培难度大，对环境变化非常敏感。在室内栽培的时候要精心把握光照和湿度。

☀ 喜欢光照

桉树是在光照强烈的澳大利亚的野外生长的植物,所以需要大量的光照。适合放在光照好且通风的窗边或阳台。比起室内,野外栽培会更好。

💧 小心过涝

春季到秋季,要在表土干涸之前浇水。在寒冷的冬季要减少频次,在土完全干涸的时候再浇水。桉树的土壤对干和湿都很敏感,要随时检查土壤的状态,并迅速应对。浇水之后,为了防止过涝,要清空花盆底的积水。

🌡 15~25℃

桉树在 15~25℃ 之间长得最好,到 -10℃ 也可以坚持。桉树很讨厌忽然变换温度或环境,在昼夜温差大的环境中,很容易受到冻害。

管理小贴士

1. 对环境变化敏感

桉树是在温暖环境中生长的植物,如果忽然搬运到寒冷的地方或昼夜温差大的地方,就容易受到伤害。请注意不要忽然将花盆移动到寒冷或炎热的地方去。

2. 倒盆

如果花盆比植物小很多,就需要倒盆了。桉树的根很敏感,根上的土要最大限度地保留,请使用透气性和排水性好的园艺用床土。

代表夏季的花

绣球

学　　名：*Hydrangea macrophylla*
原 产 地：东亚
栽培难度：🍃🍃🍃🍃
宠　　物：注意

　　绣球俗名八仙花、紫阳花，是代表夏季的花之一，不仅受园丁们的欢迎，大众也很喜欢。土壤状态不同，开出的花颜色也不同，在酸性土壤中，绣球会开出绿色系的花，在碱性土壤中开出红色系的花。在室内栽培时，绣球对水和环境的要求非常严格，需要细心养护。

☀ 喜欢光照

绣球是喜欢光照的阳地植物，需要一直接受充足的光照。虽然喜欢光照，但如果在夏季接受过多的直射光线，叶子也会出现问题，这一点要注意。对急剧的环境变化很敏感，如果要换地方需要花时间慢慢移动。

💧 小心过涝

要确认土壤的干湿程度再浇水。开花的时节，表土要在某种程度上呈现出干干的状态才能浇水；不开花的时节，浇水频率要减少。

🌡 18~25℃

18~25℃是适合绣球生长的温度。如果暴露在过高的温度下，叶子就会枯萎凋谢。

> **管理小贴士**

1. 要想来年还相见

如果想让绣球安然过冬，在秋季到初冬这段时间，可将绣球放置到外面去，暴露在低温环境中的花芽会为第 2 年发出新叶和花做准备。

2. 花轴管理

绣球的花凋谢之后，剩下的花柄最好剪掉。这样可以减少不必要的养分流向花柄，可以将养分储存起来，留到第 2 年开出更加茂盛的花。

第3篇

家养植物

草本植物篇

各种各样的香草

大家是不是都吃过罗勒和芫荽之类的香草？香草就是吃起来很有风味，或者能够散发出香气的植物，可以用于激发食物的味道，或者泡茶时使用。大部分香草都喜欢光照，在光照充足的环境中会长得很好，最近也有很多人在室内栽培香草。

香草可用作药物或香料，有 100 种以上。每种香草又分为很多种类，现在还在陆续发现新的品种。

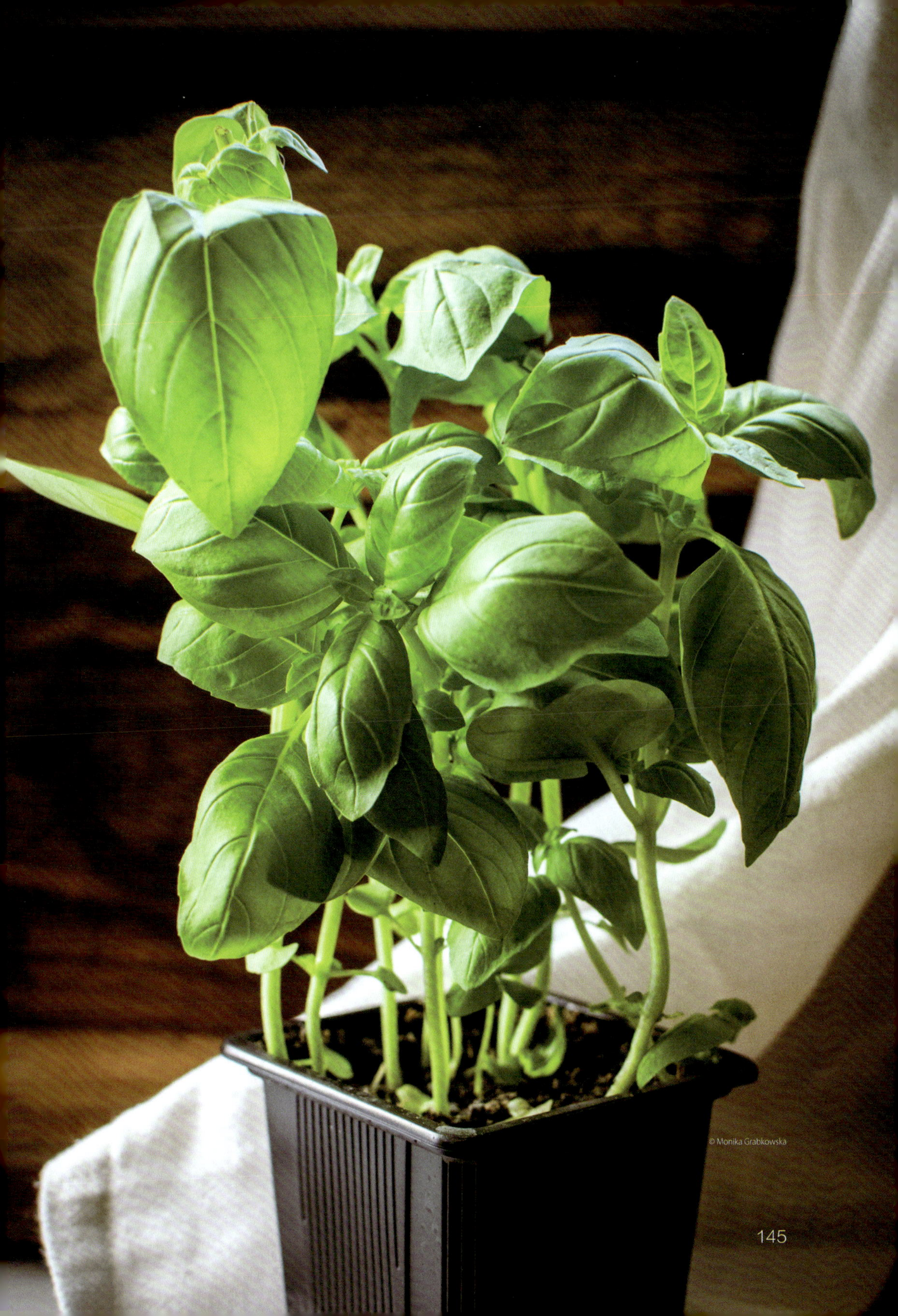
© Monika Grabkowska

散发充满魅力的香气和拥有华丽色彩的香草
薰衣草

- **学　　名**：*Lavandula* spp.
- **原 产 地**：地中海沿岸、加那利群岛
- **栽培难度**：🌿🌿🌿
- **宠　　物**：注意

　　薰衣草是多年生常绿灌木，拥有充满魅力的香气和华丽的色彩。薰衣草来源于拉丁语"Lavare（洗）"，药用效果好，用于制作香薰、香水、化妆品等用品，作为观赏植物也很有人气。

　　薰衣草在全世界大概有 30 多种，其中最经常接触到的薰衣草就是英国薰衣草（English Lavender），属于"Lavender Vera"种。英国薰衣草可以长到 1m 高，会开出紫色的花，有香味。

©Joyce Toh

☀ 非常喜欢光照

薰衣草喜欢光照，多接受光照就会健康成长。可将其放在室内光照最好的地方，南侧窗边或阳台的窗边。如果天气好，温度适宜时，可以将花盆移到室外，每天光照最好达 6h 以上。

💧 不耐涝

薰衣草喜欢干燥的环境，不耐涝。如果过涝，叶子会变白、变干、掉落。要一直留心其排水和透气情况。当土壤干枯的时候，一次性浇足水，在夏季梅雨季节，要特别注意不要过涝。

🌡 15~25℃

适合薰衣草生长的温度是 15~25℃，喜欢凉爽的环境，耐旱，不耐高温。有的品种在朝鲜半岛中部以南的地方可以越冬，注意冬季的温度要维持在 0℃以上。

管理小贴士

1. 剪枝和繁殖

剪枝要果断剪到木质化枝条的正上方，第 2 年会长得更茂盛。播种和扦插均可繁殖，但播种需要很长时间，而且还要等 2~3 年才能开花，如果想使其早点开花，就选择扦插。扦插宜在春季或夏季进行，方法与正常插条相同。

2. 土和肥料

选择真砂土、兰石、蛭石等排水材料与普通盆栽土壤混合而成的土，排水性、透气性都好。另外，薰衣草在中性或弱碱性土壤中生长良好，因此最好将石灰或鸡蛋壳等粉碎后放入土壤中。

薰衣草是一种不需要太多肥料的植物。如果过度施肥反而会导致生长不良或开花不佳。注意观察生长情况，春夏时节加些稀释液肥即可，要想看到更多的花，就选择施磷酸和钾肥。

像紫芒的柠檬味道的草
柠檬草

学　　名：*Cymbopogon citratus*
原 产 地：印度、斯里兰卡
栽培难度：🌿🌿🌿🌿🌿
宠　　物：安全

　　从柠檬草的名字就能得知，它是一种有柠檬香味的香草，叶子长得像紫芒，叶子散发的柠檬香气的主要成分是柠檬醛，和柠檬相同。柠檬草可以长到1~1.5m高，叶子细长，适应性广，在任何地方都能存活，是抗病害的植物。

　　柠檬草的俗名 Cymbopogon 是希腊语"Cymbe（船）"和"Pogon（胡须）"的合成词，据说这个词来源于其苞叶像船一样，还有很多须子的模样。柠檬草以其特有的柠檬香味，广泛应用于茶叶、香辛料、药品、香水等产品中。

☀ 喜欢光照

柠檬草喜欢光照，接触大量阳光才能长得好。将其放在能够接触到阳光的阳地或半阳地为好。从清晨到下午，可将其放在能够接触到大量阳光的地方，例如，南侧窗边或阳台的窗边。

💧 喜欢潮湿

柠檬草在潮湿的环境中会长得很好，不要将其在干燥的地方放置太久。在手指两指左右的深度确认土壤干涸后，浇足水，冬季浇水周期更长。请时刻保持土壤湿润。

🌡 20~25℃

适合柠檬草生长的温度是 20~25℃。它是生长在热带地区的植物，这一特性使其对寒冷的抵抗能力较弱，因此在冬季要特别注意保暖。冬季保持 15℃ 及以上的温度，如植物进入休眠状态，剪掉叶子，让其休息。

管理小贴士

1. 采收和使用

当柠檬草叶子长到 30cm 左右时，可进行刈割，但建议生长 3 个月以上时再割。采收时应在植株核（冠）上方约 2.5cm 处剪取上部，剩下的部分才能继续生长。

采收的柠檬草从叶尖到茎的任何部分都可以使用，一般在泡茶或做饭时用作香辛料。

2. 土和肥料、繁殖

适合种植柠檬草的土壤是富含有机质的土壤。最好将市面上常见的含有蚯蚓粪土等有机质的土和沙子混合使用。此外，它对肥料的需求量不大，视情况每 3 个月施 1 次普通的园艺用肥料。

繁殖需要通过分株实现，小心不要伤到根部。在花盆种植的时候最好每年分株 1 次。

猫咪喜欢的植物
荆芥

学　　名：	*Nepeta cataria*
原产地：	欧洲、西亚、北美
栽培难度：	🌿🌿
宠　　物：	安全

　　荆芥又叫猫薄荷、凉薄荷等，是薄荷的一种，是猫和其他动物喜欢的植物，所以英文也叫作 Catnip。在山野田间经常能见到，很少受病虫害的困扰，栽培并不难。

　　荆芥以能诱发猫的一些特别症状而闻名。猫喜欢荆芥的原因是：荆芥含有能够使猫和其他动物兴奋的荆芥内酯，对健康无害。正因如此，养猫的人会专门栽培荆芥。

☀ 喜欢光照

荆芥喜欢光照，所以放置在光照好且通风的地方最佳。在光照强的夏季，要放在明亮且能接受到间接光线的地方栽培。

💧 讨厌过涝

表土干涸时要浇足水。因为荆芥喜欢干燥的环境，要注意不可过涝。如果很难把握合适的浇水时机，就在叶子打蔫的时候浇足水即可。在盛夏时节，选择不那么炎热的清晨或傍晚浇水。

🌡 15~25℃

播种时建议保持21~25℃。适宜荆芥生长的温度为15~25℃。但是由于怕炎热和过涝，夏季最好在剪掉其距地面10~20cm以上的部分。荆芥耐寒性较强，稍加保温，在室外也可越冬。

管理小贴士

1. 管理方法

建议在背风向阳、通风良好的地方栽培荆芥，通风不畅会导致发霉。如果荆芥生长过旺，枝叶过于茂盛，则要修剪以保持通风。在炎热的夏季，为了避免暑气，最好将其转移到半阳地，但是每天要有5h以上的光照。

2. 土和肥料

用花盆栽培荆芥，一般采用园艺用床土或草本植物专用床土，包含真砂土、蛭石、珍珠岩等，以利于排水。荆芥在营养成分较少的贫瘠土地中也能茁壮成长，但施肥过多反而会变弱。在野外栽培的，可不施肥；用花盆栽培的，春秋季根据荆芥的情况，每1~2个月施用1次缓效肥或液体肥。

华丽且有魅力的花
天竺葵

学　　名：*Pelargonium hortorum*
原 产 地：南非
栽培难度：🌿🌿🌿🌿🌿
宠　　物：注意

天竺葵英文俗名为 Geranium，其大多数品种的正式英文名称实际上是 Pelargonium。生物学家林奈在给植物分类的时候，将 Geranium 和 Pelargonium 都分成了同一属，所以人们经常称其为 Geranium。

天竺葵的种类有很多，我们经常接触到的是园圃天竺葵，除此之外还有家天竺葵、盾叶天竺葵、玫瑰天竺葵等四大类。只要给天竺葵合适的环境，1 年内能一直看到美丽的花。

☀ 喜欢光照

天竺葵是很喜欢光照的植物，适合放置在室内光照好的地方，请让其每天接受4h以上的光照。但是需要注意，如果长时间放置在直射光线之下，叶子会晒伤。

💧 不耐涝

天竺葵很不耐涝，所以浇水要特别注意。春秋时节，等表土完全干涸之后再浇足水；夏季的梅雨季节，天竺葵的吸水量会显著变少，需要根据其状态调节浇水周期。

🌡 16~25℃

天竺葵在温度很低的环境中生长缓慢，如果温度过高又会变弱。环境温度最好维持在16~25℃之间，在炎热的夏季，要注意通风和换气。

管理小贴士

1. 夏季、梅雨季的管理

种植天竺葵要避免高温多湿的环境，高温下生长速度降低，根系活动减慢，吸水减慢。因此，夏季梅雨季节可能会发生过涝灾害，对软腐病等各种病害的抵抗力很弱。

根据花盆情况调整浇水周期，注意利用风扇等工具通风换气，定期清理变色枯萎的叶子。

2. 其他管理

对于不耐涝的天竺葵，建议使用排水性、透气性好的土壤。由于不需要特别肥沃或肥力好的土壤，所以可以将排水材料与园艺用床土混合使用，以确保排水良好。

养分不足时，天竺葵叶子或茎秆会出现颜色变化等现象，可根据状况选用园艺用粒肥或液体肥。

用途多样的香草

辣薄荷

学　　名：*Mentha × piperita*
原 产 地：欧洲
栽培难度：🌿🌿🌿🌿🌿
宠　　物：注意

　　辣薄荷俗名胡椒薄荷，充满香味，叶子长得像锯齿，以小小的可爱花朵而闻名于世，它是由水薄荷和留兰香杂交而成的植物。辣薄荷是很棒的食材，还可以作为香薰或草药的材料，用处多多，很有人气。

　　辣薄荷是香草的代表之一，是有根茎的多年生植物，可以长到 30~90cm 高，富含纤维的多肉质根茎可以长得很宽。从盛夏到末夏，可以开出直径 6~8mm 的小紫花。

☀ 讨厌盛夏强烈的光照

辣薄荷是半阴性植物，光线略少也可以生长良好。但是让其多见光可以长得更壮，每天要保证 2~3h 的光照。要避免盛夏的强烈光照，如通风良好，宜放在半阳地。

💧 保持水润

浇水时要确认表土干涸后再浇足水。由于香草的特性，不宜在土壤完全干透再浇水。虽然辣薄荷喜欢微微湿润的土壤，但注意不要过涝，建议在叶子稍下垂时再浇水。

🌡 15~25℃

适宜辣薄荷生长的温度是 15~25℃。因为较耐寒，在韩国的南部地区可以在室外越冬。但是，由于不耐高温、不耐干燥，所以在盛夏时节最好将其转移到可以避暑的地方。

管理小贴士

1. 其他管理

辣薄荷是一种繁殖力强、根系生长很快的植物。建议使用较大的花盆，即使不倒盆，也可割根、耕土、修剪，这样有利于收获。特别是早夏，生长速度很快，需要经常观察。

2. 采收和制茶

辣薄荷生长良好，应定期采收，切至茎长的 2/3 以下或只采收所需部位，开花前采收香味最好。

叶子洗 2~3 次后，充分晾干，干叶用平底锅炒，炒的时间越长越嫩，把炒好的叶子泡在热水里喝即可。

香气女王
茉莉

学　　名：*Jasminum sambac*
原 产 地：喜马拉雅
栽培难度：🌱🌱🌱🌱🌱
宠　　物：安全

茉莉的俗名是 Jasminum，因其优雅和美丽的寓意而广受欢迎，据说起源于波斯语。茉莉是常绿灌木，在热带和亚热带广泛分布，有 200 余种。茉莉白色的花，能散发出怡人的香气，人们广泛种植茉莉，用来制作香料。

经常接触的茉莉之中，有阿拉伯茉莉花、素方花、番茉莉、多花素馨等。其中被人们称为"茉莉花"的就是阿拉伯茉莉花（*Jasminum sambac*），它经常用作制茶的材料，而素方花（*J.officinale*）或多花素馨（*J.polyanthum*）则常用于提取香料，成为制作香水或精油的主要材料。

☀ 喜欢柔和的光线

茉莉喜欢光照，比起直射光线，它更喜欢柔和的光线。如果光照不足，就不会开花，所以一定要将其放在明亮的地方。

💧 不要让土壤完全干涸

一般来说，根据环境和植物状态的不同，浇水周期也有所不同。在生长速度快的春季到秋季，每周要浇水1~2次。到了冬季生长放缓，浇水周期也延长。不要让土壤过于干燥，但也要注意不要过涝。

🌡 12~25℃

在不冷不热的温暖环境（12~25℃）中会长得很好。在温暖的环境中会茁壮成长，如果温度变低，生长速度就会放缓。虽然有一定的耐寒性，但如果温度低于5℃，就会受到冻害，所以冬季最好放在室内。

> 管理小贴士

1. 倒盆和其他管理

倒盆最好在寒冬来临之前的秋季进行。如果不在秋季，但植物长得比花盆还大，或者根部从花盆下面钻出来，或者因距上次倒盆时间过久，土壤凝固或水分干涸快时，也要进行倒盆。

剪枝在花谢后进行。将根系扎好，采用扦插或压条等方法繁殖，很容易成活。

2. 土壤和肥料

为了使茉莉生长良好，需要排水性好的土壤。在一般园艺用床土的基础上，混入颗粒较大的真砂土、珍珠岩、鹿沼土等排水材料，制成排水良好的土壤。

茉莉对肥料需求量不大，但在生长速度快时，每月施1次普通的观叶植物用的粒肥或液体肥。建议配合施用钾肥，提高光合效率。

蝴蝶和蜜蜂喜欢的香草
美国薄荷

学　　名：*Monarda didyma*
原 产 地：北美洲
栽培难度：🍃🍃🍃🍃🍃
宠　　物：安全

美国薄荷的英文名称为 Monarda，源自西班牙植物学家 Nicholas Monardes。韩国人经常称其为"Bergamot"，是因为它和原产于意大利的"Bergamot Orange"的香气相似。美国薄荷原产于北美洲，蜜蜂、蝴蝶等非常喜欢，所以也称为"Bee Balm"。花的颜色有红色、粉红色、紫色等多种颜色。

美国薄荷是多年生植物，耐寒，是一种容易栽培的草本植物。鲜叶采摘后可泡茶，也可做沙拉，还可作为芳香剂用于制作入浴剂或干花等。

☀ 喜欢光照

美国薄荷是喜欢充足光照的长日照植物，适合在有光线的地方栽培，在有一点阴影的地方也可以。但如果在过于闷热的盛夏时节，最好上午放到有阳光处，下午放到阴凉处。

💧 喜欢湿润

美国薄荷在过于干燥的环境中长不好，喜欢湿润的环境。在生长的时候，要维持土壤湿润，充分浇水。但它也和普通植物一样，容易受到过涝的危害，注意花盆不要积水。

🌡 15~25℃

美国薄荷喜欢温暖又清凉的环境，适应力强，特别是耐寒性好，在零下的环境中也可以挺住，地上的部分枯萎后，第 2 年天气回暖又可以重新生长。播种时，需要维持 20~25℃。其最适合生长的温度是 15~25℃。

> 管理小贴士

1. 土壤和肥料

美国薄荷的适应性很好，所以不用特别挑选土壤。宜选用透气性、排水性和储水性好的中性或弱酸性富含有机质的土壤。一般将园艺用床土和排水材料混合使用即可。

种植美国薄荷时，在开花前最好加氮肥促生长，开花期施用磷酸、钾肥，可多开花。

2. 管理方法

春季或秋季播种美国薄荷，20~25℃为适宜催芽温度。将种子混合细沙或土壤撒播，即可实现均匀播种。

建议春季进行剪枝，有利于整体生长和树形矫正、开花。剪掉的美国薄荷不要扔掉，可食用。除直接播种外，还可采用扦插、分株等方式繁殖。

能开出美丽的花的香草
锦葵

学　　名：*Malva cathayensis*
原 产 地：欧洲
栽培难度：🌱🌱🌱🌱
宠　　物：安全

　　锦葵原产地是欧洲，有 1000 多个品种，是历史悠久的香草，据说古代的阿拉伯人用其消炎。叶子和花可以做汤或做沙拉，还可以用来泡茶，是用途多样的香草。

　　锦葵代表品种有蓝锦葵、黄葵、沼泽蜀葵等。其中，蓝锦葵就是通常所见的锦葵。叶子、根、花，都可以药用，很早之前就用于辅助治疗咳嗽、感冒等呼吸系统、消化系统的疾病。花朵漂亮喜人，作为观赏植物很有人气。

☀ 喜欢光照

锦葵很喜欢光照，虽然偶尔也可在阴凉处生长，但如果想要其多开花，那就要多晒太阳，每天大概见光6h以上为好。

💧 请确认土壤干湿

锦葵生根后，就很抗干燥。确认盆里面的土干了再浇足水。只要不过涝，就要浇足水才能看到更加茂盛的大片锦葵。

🌡 20~25℃

锦葵对温度的要求很宽松。20~25℃为适宜催芽的温度，喜欢清爽的环境。

> 管理小贴士

1. 土和肥料

锦葵在大多数土壤中都生长良好，与其他草本植物一样，使用常见的培养土和排水材料的混合土。施肥也不必太花心思，但在冬末或早春开始生长之前，施用一般园艺用缓效肥有利于生长，施肥后一定要浇足水。

2. 注意事项

锦葵在光照不足时，叶子会变黄或开花少，所以每天要有6h以上的光照。条件不允许时，可以使用植物灯补足光线。

锦葵可以先育苗、后移栽，也可直接播种，前期生长缓慢，但生根到一定程度后生长迅速。除播种外，秋季也可通过分株繁殖。

既华丽又有魅力的花

鼠尾草

学　　名：*Salvia japonica*
原 产 地：南欧，地中海沿岸
栽培难度：🌿🌿🌿🌿🌿
宠　　物：安全

在很久以前，鼠尾草被视为药用植物而广泛使用。其名字来源于拉丁语的"Salveo"，据说意思是"救助、治疗"。除了英文名 Sage 之外，还被称为 Salvia、Common Sage、Garden Sage 等。

鼠尾草有很多品种，例如，荔枝草（Common Sage）、三色鼠尾草（Tricolor Sage）、凤梨鼠尾草（Pineapple Sage）等，不仅抗菌、消炎、镇定的辅助治疗效果显著，而且因为其花朵漂亮，从很早以前就被欧洲人种植，用作装饰庭院的香草。

☀ 喜欢光照

比起直射光线，选择通过玻璃或窗帘等透过来的柔和光线更好，每天照射 6h 以上。在盛夏午后，不要使其直接接触强光，要将其移动至阴凉处。

💧 不耐涝

鼠尾草不耐涝。确认手指两节左右深度的土壤完全干涸后再浇足水，浇至花盆排水孔出水为止，积水应立即清空。把花盆放在通风好的地方。

🌡 15~25℃

鼠尾草虽然喜欢温暖的环境，但温度如果不是极高或过低，大部分的温度都是可以的，适宜生长的温度为 15~25℃。比起温度，更应该在通风上多花心思。

管理小贴士

1. 土、肥料和管理方法

鼠尾草不耐涝，在通风排水良好的沙壤土中生长良好。将常见的园艺用床土和排水材料混合在一起，以利于排水。春秋季追施园艺肥料。根系生长较旺盛，倒盆时适当整理根系。

夏季梅雨季节易发生过涝危害，雨季前注意通风，如修剪枝条等。

2. 繁殖

鼠尾草前期生长较慢，如果想使其尽快开花，最好先育苗，而不是直接播种。发芽的温度在 21℃ 左右，需 10d 左右才能见到苗。除播种外，春秋季生长期也可通过扦插或分株增加数量，特别是扦插效果好，可采用剪枝、培土或水培等方式轻松增加新幼苗。

用途广泛的香草
迷迭香

学　　名：*Rosmarinus officinalis*
原 产 地：南欧、地中海沿岸
栽培难度：🌿🌿
宠　　物：安全

　　迷迭香的学名是"Rosmarins",从拉丁语"Ros"和"Marinus"而来,意为"海洋之泪"。迷迭香在生长地可以长到 2m 高,是多年生灌木,细枝多,5~7 月开花。

　　迷迭香是最具代表性的香草之一,在室内容易栽培。不耐涝,所以很容易栽培失败。在夏季梅雨季节,要注意高温多湿的环境对迷迭香的影响。

© Vincent Foret

☀ 喜欢明亮的光线

迷迭香是非常喜欢光照的植物。在室内栽培的时候，最好放在光线充足的地方，放在通风好的客厅的窗边或阳台都很合适。请每天让其见光 6h 以上。

💧 不耐涝

迷迭香能在干燥的环境中顽强生长，然而很怕潮湿的环境，所以要在浇水方面多费心。但是幼小的迷迭香只有充分浇水，才能健康成长。在花盆中的土壤完全干涸的时候再浇足水。

🌡 18~25℃

迷迭香的原生地在温暖的地中海沿岸，所以把其养在类似的温暖环境中会长得很好，适宜生长的温度为 18~25℃。迷迭香虽然也耐寒，但冬季的环境温度最好维持在 10℃以上。

管理小贴士

1. 土和肥料

种植迷迭香的土壤采用排水良好的土壤。在普通培养土中掺入珍珠岩或真砂土等，以利于排水。

迷迭香根系生长旺盛，需视情况进行倒盆，一般 1 年 1 次比较合适。迷迭香对肥料的需求不多，无须另外费心，根据植物的状态进行施肥。

2. 繁殖和采收

迷迭香若是直接播种，到开花大约需要 4 年时间，所以若要尽快看到开花，最好是先育苗、后移栽。切下新出的枝条栽培很容易扎根，扦插繁殖很方便。

当需要使用迷迭香时，或者当它们太茂盛需要修剪时，可以采收并保持鲜叶完整，可直接使用，或干燥后使用。在秋季准备越冬时，也可一次性采收。

香草之王
罗勒

学　　名：*Ocimum basilicum*
原 产 地：热带亚洲
栽培难度：🌿🌿🌿🌿🌿
宠　　物：安全

　　罗勒生长在以东南亚为代表的热带亚洲，具有一定的抗癌和缓解压力的作用。之所以称其为"香草之王"，是因为其希腊语名字——表示"王"的单词"Basileus"。罗勒经常用作香辛料。

　　罗勒在室内栽培的时候，也要满足合适的光照、温度、湿度条件，养得好可以活好多年，在田野里也可以栽培，没有什么难度。罗勒虽然有200多个种类，但常见的种类就是甜罗勒（Sweet Basil）、希腊罗勒（Greek Basil）等。

©Alissa De Leva

☀ **需要光照**

罗勒非常喜欢光照，光照对其生长非常重要。在室内栽培的时候，最好放在南向窗边、阳台窗边等阳光能透进来的地方。如果光照不足，叶子就会出现歪斜或干枯的情况。

💧 **不耐涝**

栽培罗勒比其他植物更费心。在表土完全干涸之前就要浇水，但又不耐涝，所以要把握好浇水时机。如果茎部变黑，可能是因过涝受损，要拉长浇水周期。

🌡 **20~30℃**

适合罗勒生长的温度是20~30℃。虽然其适应高温多湿的环境，但如果持续高温就会徒长，在盛夏的时候最好放在避暑之处。罗勒不抗冻，从秋季开始就要转移到室内。

管理小贴士

1. 土和管理方法

栽培罗勒时，在花盆底部的排水层铺上真砂土、蛭石等，一般床土或培养土最好与排水材料混合使用。

如果想让罗勒长得更加茂盛，就选择掐尖，但过小的罗勒不可掐尖。另外，如果想收获更多的叶子，就摘掉花梗。

2. 使用

罗勒是非常安全的香草，使用方法很多。罗勒有甜甜的、淡淡的清香，可浸泡在橄榄油中制成香草油使用，也可制作罗勒青酱，既适合用于番茄料理，也可用于比萨、意大利面、沙拉等。

抗病毒效果强的香草
香蜂花

学　　名：*Melissa officinalis*
原 产 地：欧洲南部
栽培难度：🍃🍃🍃🍃🍃
宠　　物：安全

　　香蜂花的俗名 Melissa 据说来自于香蜂花的花朵吸引来的蜜蜂的希腊语名字 Melissa。其高度可达 60~150cm，叶子长约 8cm，宽叶对生。在夏末开花，有白、黄、浅绿色，正如其名字一样，具有强烈的柠檬香。

　　蜜蜂非常喜欢香蜂花，其是蜜源植物之一。香蜂花对消化不良有一定助益，还有一定的镇静效果，有助于睡眠。

☀ 喜欢光照

香蜂花适合在阳地或半阳地栽培，和大部分香草一样，喜欢光照，但在光照不足的半阳地也可以勉强长大。喜欢从窗户透过来的柔光，最好能在可见光大半天的地方栽培。

💧 喜欢稍微湿润的地方

大部分香草都喜欢干燥的环境，但香蜂花却喜欢稍微湿润一点的环境。当然，要避免过潮。如果水分不足，叶子很快就会下垂变褐，所以要保持水润的状态。

🌡 18~23℃

适合香蜂花生长的温度是 18~23℃。耐寒性好，在温暖的环境里可以顺利生长，在更暖和的环境中可以长得更快。

管理小贴士

1. 管理方法

香蜂花喜欢 40%~70% 的湿度，要求通风透气。3~4 月中旬播种为宜，播种后要保持适宜的湿度，但也要防止过涝。香蜂花喜排水良好的土壤，在常见的床土或培养土中混入真砂土、蛭石、珍珠岩等排水材料即可。

香蜂花很容易产生蜱螨，所以要仔细观察和预防。因为是供人食用的草本植物，所以不能打药，要经常用水冲洗叶子。

2. 功效

香蜂花有很多功效，有助于促进大脑活动，对消化不良有一定助益，还有一定的镇静、助眠效果，以及消除不安、解压的作用。

可用香蜂花揉搓被虫子咬的地方，能够止痒消肿。

净化空气能力卓越的香草

碰碰香

学　　名：	*Plectranthus tomentosus*
原 产 地：	墨西哥
栽培难度：	🌿🌿🌿🌿🌿
宠　　物：	安全

碰碰香是原产于墨西哥的香草，和牛至（Oregano）很像，所以也叫作古巴牛至（Cuban Oregano），英文名字是 Vicks Plant。虽说和其他香草一样属于唇形科植物，但却与多肉植物类似。叶子的形状很像玫瑰，所以也叫玫瑰香草。

碰碰香生命力顽强，新手也可以栽培，搓一搓稍微厚一点的叶子就会散发出香味，会产生很多负离子，去除二氧化碳的能力强，是净化空气的植物，很有人气。

☀ **喜欢光照**　　💧 **注意过涝**　　🌡 **18~27℃**

碰碰香是喜欢光照的植物。但如果持续被直射光线照射，叶子会晒伤，所以只照射从窗帘等透过来的柔光为好。为了形状均匀，最好定期转动花盆，调整光照的方向。

碰碰香的叶子和多肉植物一样，有储存水分的能力，不经常浇水也没有关系。当叶子变得皱巴巴的或下垂的时候，要确认土干了再浇水，不要让水接触到植物体。

碰碰香在18~27℃生长良好。虽然对寒冷的抵抗能力较弱，但只要保持在10℃以上，在冬季也可以轻松栽培。冬季在室内栽培，注意不要直接吹冷风。

> **管理小贴士**

1. 小心过涝

种植碰碰香时，最好避开太潮湿的地方。在湿度40%~70%的环境中生长良好，到夏季梅雨季节这种湿度较大的时候，可以通过换气和通风调节湿度。

碰碰香只要注意防止过涝，就会生长良好，所用土壤为一般园艺用床土和排水材料混合而成，即可保证排水良好。

2. 繁殖

碰碰香很容易通过扦插繁殖。切开的茎体切面晾晒1d左右，种在土里后浇水。扦插的时候留1~2片叶子，其他去除，在扦插之后，不要接触直射光线，一直到生根之后才可以。也可单独扦插健康的老叶，放在水中也很容易成活。

西方的葱
北葱

学　　名：*Allium schoenoprasum*
原 产 地：欧洲、西伯利亚
栽培难度：
宠　　物：注意

北葱和洋葱、大蒜一样，是会散发出辛辣味的百合科葱属植物，耐寒，是多年生植物。在任何地方都可以栽培，很容易养活。在中国也称作"胡蒜"，或"外国的大葱"。

北葱具有无毒的洋葱香气，含维生素C和铁，具有辅助降低血压的功效。放入食物中可起到防腐剂的作用，多用于制作沙拉、汤，或用于装饰、做调味汁等。

☀ 喜欢光照

北葱可放置在全天都能接受到光照的地方。如果做不到这一点，那么也要放置在每天最少能接受 4~6h 光照的地方。

💧 水分很重要

北葱喜欢水分充足的状态。如果土壤干涸了，及时浇足水。不要等土壤变成完全干涸的状态，请使土壤保持一定的水分，维持湿润的状态。

🌡 15~25℃

北葱的耐寒性强，某种程度上也能抗旱。最适合生长的温度是 15~25℃。

> 管理小贴士

1. 土和肥料

北葱在排水性好的土壤中生长良好。因此，在园艺用床土或培养土中混合沙子等可实现排水良好。播种后需要 2 年左右才能长到可以收获的大小，如果想早点吃上，可以选择先育苗。

最好每月施 1 次园艺用复合肥。施肥时和植株稍微保持距离，以免肥料直接接触植株。

2. 采收

北葱的叶子长到 20cm 左右即可采收。若一次性将叶子全部割去，需较长时间方可进行下一次采收，所以请从外叶开始依次采收。采收时下部留 2~5cm，其他部分剪下。

历史悠久的香草
芫荽

学　　名：*Coriandrum sativum*
原 产 地：地中海沿岸
栽培难度：🌿🌿
宠　　物：安全

　　芫荽俗名香菜，在迈锡尼文明有过记录，是一种历史悠久的香草。关于芫荽的名字，古代希腊语称为 Koriannon，传入罗马后，成为 Coriandrum。西班牙语叫 Cilantro，英语叫 Coriander。

　　对芫荽的喜好因人而异，在中国、东南亚国家和墨西哥等地经常用于料理。虽然有很多人不喜欢芫荽的香气，但它却是全世界最受欢迎的香草之一。

☀ 喜欢光照

芫荽喜欢有光照的地方，适合将其放在朝南的窗边、阳台的窗边等地进行栽培。虽然其喜欢光照，但在半阳地也可以长得很好，在室内栽培就可以。

💧 注意排水

土壤表面干涸的时候要浇足水。芫荽不耐涝，如果经常浇水会让其呼吸能力下降，导致根部腐烂。在浇水的时候，不要把土溅到植物体上。

🌡 15~25℃

因为芫荽的原产地是地中海，所以不耐寒。一般来说，夏季要放在凉爽之处，冬季要放在温暖之处，其适宜生长的温度为15~25℃。因为不同的季节要换地方，所以在花盆里栽培更好。

管理小贴士

1. 播种

芫荽在3月中旬~5月上旬播种为宜，其发芽率比普通草本植物低，由于种子被硬壳包裹，播种前在水中浸泡1d后再播种，能提高发芽率。因属需光发芽性种子，播种后覆土尽量薄。播种后用喷雾器喷水每天喷1次左右，防止干燥，一般播种后7~10d出苗。

2. 管理方式

芫荽选用排水良好、保水性强的土壤，以pH6~6.5接近中性的土壤为宜。其根部有向下伸展的性质，所以要使用深的花盆。

常见的香草

罗勒	在意大利料理中广泛使用,有助于辅助抗衰老和治疗神经痛。
迷迭香	长得像松树枝,能产生很多负离子。
莳萝	很好栽培。花和种子可做咸菜,种子还可以作为香辛料,茎广泛用于制作鱼类料理。
香蜂花	有柠檬味,比起直射光线,香蜂花更喜欢明亮的阴凉处,是可以吸引蜜蜂的香草。
薰衣草	花被广泛使用的香草作物。若在室内栽培,能采收花长达 10 年。
芝麻菜	别名芸芥、绵果芝麻菜,常用作比萨的装饰。其叶子长大后会变硬,在叶子没长大的时候吃为好。
柠檬马鞭草	柠檬味最强的香草。喜欢光照和干燥的土壤。
锦葵	该香草在全世界有 1000 种以上。和路葵一样,锦葵嫩叶可以做沙拉吃或煮熟吃,花可以做沙拉或做香草茶。
马郁兰	拥有和百里香、牛至类似的气味和味道,味道偏苦。种植在室内的花盆中越冬的话,在 5~10 月可以一直采收。
甜菊	在贫瘠的土地上也可以生长的香草,嫩叶可以食用,花广泛用于装饰。
天竺葵	它是一种生长很快的香草,有一定的镇静效果,在花盆里可以长得很好。
牛至	意大利、墨西哥、法国在烹饪时广泛使用牛至,其味道刺鼻、强烈。其广泛用于烹饪、制药、制作芳香剂、制作沐浴液等,烹饪时和番茄搭配最好。

风轮菜	拥有胡椒气味，1 年生的称为夏季香薄荷，多年生的称为冬季香薄荷。
薄荷	各个国家都有固有品种的薄荷，是一种大众化的香草。在排水良好的大花盆里养，生长速度非常快。
欧芹	它和芫荽长得有点像。其不耐高温，却耐低温，富含维生素 A、B 族维生素、维生素 C、铁、镁。
芫荽	由于其味道导致喜欢的人很喜欢，讨厌的人很讨厌。叶子和种子的使用方法完全不同，又称为"中国西芹"。
北葱	北葱是百合科的多年生香草，高度达 20~30cm，在 5~11 月之间随时都可以采收。
百里香	用途广泛的香草，有 300 多种，广泛用于西餐的制作。

第4篇

家养植物

蔬菜作物篇

适合家养的蔬菜

由于蔬菜价格上涨,越来越多的人选择在家自己栽培简单的蔬菜来食用。本章选择了一些适合家养的代表性蔬菜作物,这些蔬菜不仅可爱,而且还可以填满我们的冰箱,下面就让我们来看一看这些蔬菜吧!

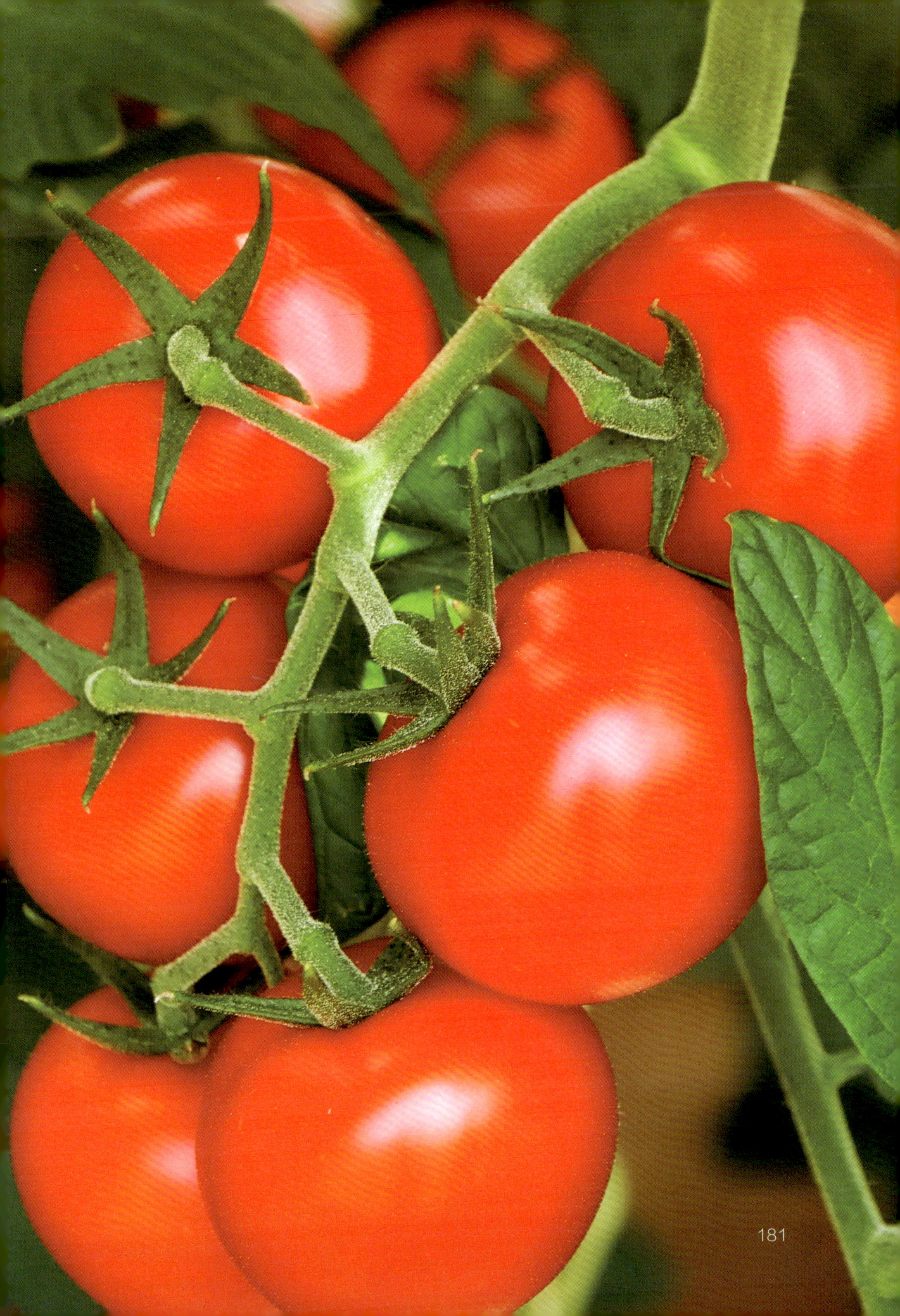

包菜之神
生菜

学　　名：*Lactuca sativa*
原 产 地：西亚、地中海沿岸
栽培难度：🌿🌿🌿🌿
宠　　物：确认

　　生菜是家养蔬菜中最有人气的一种，是餐桌上常见的一种绿叶菜。生菜适合和肉类一同食用，可以补充维生素C、β胡萝卜素、膳食纤维，可以辅助预防体内胆固醇沉积。

☀ **光照不足也可生长**

即使光照稍微不足，生菜也可以生长，但尽可能还是让其接受充分的光照。

💧 **讨厌干燥**

不要让土壤干燥，春秋季以 3~5d 为 1 个周期，夏季以 2~3d 为 1 个周期浇水。

🌡 **15~20℃**

生菜在 15~20℃ 的环境中长得好，喜欢相对凉爽的环境。在 30℃ 以上的高温环境中不太容易发芽。

> **管理小贴士**

1. 种植生菜

生菜可直接播种，也可定植培育好的幼苗。将土壤填入不太深的盆中后，在四周以 10cm 左右为间隔开孔播种。每个孔放 2~3 粒种子，稍加覆土。生菜种子具有需光发芽的特性，即需要光照才能萌发。

播种后小心地浇透水，防止种子移动，出苗后要进行间苗。在定植幼苗时，苗间距要和播种的间距相当，覆土时要注意防止根系受伤。

生菜生长速度较快，最好单独种植，不要与其他蔬菜一起混栽。请放在阳台窗边，保证光线充足。

2. 追肥周期和采收

生菜与其他蔬菜相比，生长期较短，但也不能完全不施肥。特别是夏季养分不足时，抽薹会加快，所以最好追肥。种子或幼苗定植后 1 个月左右适当施用缓效肥。

当叶子长到手掌大时，从外叶开始依次采收。采叶时建议紧靠着茎，尽量采收有叶子的部分，留 3~4 片叶子。

© Annie Spratt

有益健康的红色食物

番茄和樱桃番茄

学　　名：*Solanum lycopersicum*
原 产 地：南美
栽培难度：🌱🌱🌱🌱🌱
宠　　物：安全

　　番茄原产于南美西部的高山地带，是全球范围内广泛栽培的代表性茄果类蔬菜。富含各种维生素、膳食纤维、钙、铁等营养成分，还有番茄红素、β胡萝卜素等抗氧化物质，广受欢迎。

☀ 需要很多光照	💧 确认表土干湿	🌡 20~25℃
光照对番茄的生长非常重要。应每天提供尽量多的光照（6h 以上）。	表土干涸就要浇足水。水分不足叶子就会低垂，浇水的时机很容易把握。	20~25℃ 为适合番茄生长的温度。在夜间也不要低于 10℃。

> **管理小贴士**

1. 种植番茄

番茄的种子比其他蔬菜贵，而且栽培时间长，所以建议购买番茄苗。

准备宽敞、稍微深一点的花盆，建议每盆栽插 1 株苗。采用宽盆栽插多株苗时株距 30cm 左右，注意不要伤到根部。种完后充分浇水，然后放在家里光照最充足的地方。因为是茄果类蔬菜，所以需要很多光照。

番茄生长到一定程度后，搭建高约 1.5m 的支架，以支撑番茄不倒伏。

2. 摘除侧芽

这是种植番茄时必不可少的环节。去除侧芽的原因是防止主茎、叶子和果实中需要的营养成分分散，保证番茄能够茁壮成长。如图所示，长在主茎和枝条之间的 Y 形内的小芽就是侧芽，用手摘除即可。

3. 搭建支架

在搭好支架后，番茄会继续向上生长。在家栽培时，宜养到一定程度后，再摘除侧芽。另外，开花后室内没有可以传粉的媒介，所以要用毛笔授粉，或者轻轻摇晃番茄来帮助授粉。

对眼睛好的根茎蔬菜
胡萝卜

学　　名：*Daucus carota*
原 产 地：阿富汗
栽培难度：🌿🌿
宠　　物：安全

胡萝卜是代表性的黄绿色蔬菜，富含维生素A、钙、β胡萝卜素、叶黄素、番茄红素等，是β胡萝卜素含量很高的根茎类蔬菜。β胡萝卜素有抗氧化作用，具有一定的防止老化、预防癌症的效果。另外，叶黄素、番茄红素等成分对维持眼睛健康、提高视力等都有辅助作用，还有一定的提高免疫力、预防高血压和动脉硬化的效果。

☀ 喜欢光照

胡萝卜非常喜欢光照，可以将其放在能够充分受到光照的客厅窗边或阳台窗边，但要注意预防徒长。

💧 确认表土干湿

表土干涸时就要浇水。因为胡萝卜是需要很多水的作物，所以要一直维持湿润的状态。

🌡 18~21℃

胡萝卜适合生长的温度为 18~21℃。如果温度低于 3℃ 或高于 28℃，就会生长缓慢。

管理小贴士

1. 种植胡萝卜

胡萝卜属于根茎类蔬菜，建议直接播种，而不是育苗移栽。选用高度在 20cm 以上的花盆，以保证根系直立生长。

播种时以 10~15cm 为间隔挖孔，放 2~3 粒种子。播种前把种子在水中浸泡 1d 左右，有利于发芽。胡萝卜种子喜欢光照，故覆土要浅，浇透水后，将花盆放在向阳处。

现蕾后可立即间苗，但一般在出现 3~4 片真叶时进行，留出最佳个体，其余的拔除。有时为了防止误拔好苗，先间 1 株，半个月后再间 1 株。

种植过程中注意防止土壤干涸，并注意保持通风，预防病虫害。

2. 给胡萝卜浇水

给胡萝卜浇水的时候，要浇透表土。浇水过多，会导致根系呼吸不畅，不能深入生长，或者导致表面粗糙，产生大量细根。反之，过干则生长缓慢，根系易开裂、变硬。

帮助血液循环的根茎类蔬菜
甜菜

学　　名：*Beta vulgaris*
原 产 地：欧洲南部及非洲
栽培难度：🌿🌿🌿🌿🌿
宠　　物：安全

甜菜是根茎类蔬菜，有口感酥脆、根部泛红的特点。甜菜中含有名叫"甜菜碱"的色素，可以在一定程度上抑制细胞损伤，具有抗氧化的作用，还有一定的预防癌症、缓解炎症的效果。另外，甜菜还含有硝酸盐，可以辅助扩张血管，对血液循环有好处。早上喝甜菜汁可以提高认知功能，对预防阿尔茨海默病有一定的作用。

☀ 喜欢光照

甜菜的生长需要很多光照。请将花盆放置在有光照的地方。

💧 确认表土干湿

表土干涸时要浇足水。播种后到发芽前，请保持土壤湿润。

🌡 15~21℃

适合甜菜生长的温度为15~21℃，喜欢凉爽的环境，耐寒不耐暑。

管理小贴士

1. 种植甜菜

准备高度在 20cm 以上的花盆，采用一般园艺用床土或培养土。甜菜种子需要 8~12d 才能发芽。发芽势较好，与直接播种相比，泡种 1d 左右发芽率更高。奇怪的是，看似单粒的甜菜种子通常能长出 2~3 个芽，因此，当真叶长出 3~4 片时进行 1 次间苗，当长出 6~8 片时再进行 1 次间苗。

建议播种后至萌芽前勤浇水，防止土壤干涸。现蕾后要疏除，只留不妨碍生长的部分。此时，甜菜之间的间距保持在 10cm 左右。

如果进行育苗，需要在播种 30d 内进行。

2. 管理方法

当根系开始膨大时，需施肥。在基肥较好的园地可不追肥，但在室内用花盆培育时，施肥有利于根系生长。现蕾后和根系生长时期各追肥 1 次，采用一般园艺用复合肥。

当根部长大至成年人拳头大（直径 5cm 以上）时采收。在室内，稍微小一点就可以采收。采收过晚会导致根系纤维变粗，口感变差。

水分足，深受大众喜爱的绿叶菜

油菜

学　名：*Brassica rapa* subsp. *chinensis*
原产地：中国
栽培难度：🌿🌿
宠　物：安全

　　油菜的叶和茎呈绿色，在中国很受欢迎，经常用作炒菜、做汤等。其富含钙、钾、维生素A、维生素C，还有辅助提高免疫力的β胡萝卜素，当身体疲惫的时候食用，有一定的效果。

☀️ **喜欢光照**

油菜是很喜欢光照的蔬菜，适合放在阳台或客厅等有阳光照射的地方。

💧 **不耐涝**

确认土壤的干湿情况再浇水，在梅雨季节要注意不要过涝。

🌡️ **15~23℃**

油菜萌芽的温度为15~20℃，适合生长的温度为15~23℃。

管理小贴士

1. 种植油菜

准备好容器、土壤和种子。花盆不需要太深，10cm左右就足够。土壤采用一般园艺用床土或培养土。

将2/3的土壤填入花盆中，挖深约1cm的播种孔。每个孔装入2~3粒种子，覆土要浅。播种后浇水，保证土壤和种子湿润，小心不要把种子冲走。约1个月后追施园艺大粒肥或液体肥料。

现蕾后检查油菜的状况，从生长不良的个体开始疏除，逐渐拉大株距，给油菜生长留出充足的空间。

2. 病虫害管理

油菜易发生的病虫害有蚜虫、菜青虫、软腐病、露菌病和缺钙。如果油菜的叶子上有孔洞，应立即检查叶子的背面是否有害虫。高温干燥期会出现缺钙现象，排水不良易发病，应做好水分管理。

可采收多次的蔬菜
韭菜

学　　名：*Allium tuberosum*
原 产 地：东北亚
栽培难度：🌱
宠　　物：注意

韭菜属于石蒜科，是多年生草本植物，种植 1 次可连续多年发芽生长。性温，富含维生素 A 和维生素 C，是具有滋补效果的蔬菜，特点是味辛辣，微酸，风味独特，春季初生韭菜最鲜嫩，味道最好。

在背阴处也能长得很好

韭菜不需要很多光照，在背阴处也可以长得很好，但如果有充足的光照会更好。

需要很多水

韭菜需要很多水，要浇足水，但不要过涝。

18~20℃

韭菜发芽、生长的适宜温度是 18~20℃，最低不能低于 5℃。

> **管理小贴士**

1. 种植韭菜

韭菜种植 1 次，可长期采收，因此，可选择盆栽。一般来说，侧面为长方形的花盆比较合适。将土壤填入盆中，条播间距为 5cm 左右。由于种子小，覆土应尽量薄。播种后，浇足水，防止土壤干枯，直至出苗。

种植韭菜苗时，小心轻放，以免伤及根部，每株间距在 5cm 以上。用土壤轻轻覆盖至最初附着在幼苗上的土壤高度，并浇水以确保土壤充分湿透。

韭菜定植后，建议每隔 1 周浇 1 次水。韭菜缺水干燥后生长缓慢，纤维增多，口感变差，但注意防止因过涝而导致根部腐烂。

2. 采收

全叶长有 80% 左右达到 25cm 时，在离地 3cm 高的部位采收，之后在以前收割部位之上约 1.5cm 处采收。采收后一定要浇水、施肥。

第5篇

其他需要了解的问题

到目前为止，我们已经了解了室内植物栽培的基本知识，还按照观叶植物、香草、蔬菜的分类，了解了在家中可以栽培的植物。这一部分将按照植物情况的分类，为大家解决一些问题，例如，"一定要按照周期浇水吗？""植物灯需要照多久呢？"等。

©于红茹

• Farming Soon Q & A

Farming Soon 通过社交网络和用户沟通一些植物的相关问题，下面选择了一些有代表性的问题，希望能对新手有所帮助。

Q 必须按照周期浇水吗？

A Farming Soon：

正如每个人口渴的时间不一样，即使是同样的植物，浇水的周期也不一样。大众熟知的"1 周 1 次，让水从花盆托溢出来"这一说法，事实上对某些植物来说是对的，而对某些植物来说可能是不对的。这是因为即使是同一植物，根据生存环境或植物特性，消耗水的速度也千差万别。

植物从根部吸收水分并输送到叶子上，通常在光照强烈、通风透光、温度高的情况下水分消耗更快。不考虑这些，只按周期浇水，如果植物的水已经足够，可能会过涝。那么能准确把握浇水的时机吗？虽然没有百分之百正确的方法，但是有大致可以确认的方法。

1. 请使用土壤湿度检测仪。如果插入土壤后显示偏干，则应浇水。这一方法虽然比较准确，但是有成本，也有仪器寿命的限制。

2. 把木棍插在花盆的土壤里，以此来确认浇水的时机也不错。木棍插入土中约 2cm 深，几秒后拔出，如插入土中的那一截全都粘有土，说明水还是充足的；如果土只在头部，那么就需要浇水了。

3. 记录植物（包括花盆）充分浇水后的重量和浇水前的重量，每次接近浇水前的重量时，浇水即可。

Q 植物灯要开多久？

A Farming Soon：

是不是有很多人在使用为室内植物提供光的植物灯呢？总而言之，开植物灯的时间没有定数。因为每天各家的光照量和栽培的植物所需的光照量千差万别，但大致所需时间如下。

一般来说，植物为了稳定地进行光合作用，每天需要 10h 以上的光照。国外的相关资料也称 12~14h 的光照对植物有益。观察自己家里自然光的情况，用植物灯来填补这个时间。

那么，购买植物灯时需要考虑什么呢？

1. 请根据目的确认植物灯的波长

光都有波长（nm），不同波长对植物的影响各不相同。一般认为，最有助于植物光合作用的波长为 260~780nm。请看好植物灯的波长，再购买。

2. 请确认 PPFD（光通量密度）

光通量密度是指单位面积每小时下降的光量子的个数。简单地说，就是把实际到达物体的光量进行了数值化。如果植物灯上标示的 PPFD 是 50μmol/(m^2·s)，就意味着在 $1m^2$ 的空间里 1s 进入的光量子有 50 个。这个数值越高，说明到达的光量越多。

3. 植物灯与栽培植物是否相配

最终选择的植物灯的配置，要适合所栽培的植物。仙人掌对 PPFD 的需求量较高，而青菜和蕨菜等食用类植物则喜欢较低的 PPFD。此外，照射在植物叶子上的光强度越大，光合作用的速度就越快。不同植物进行光合作用所需光的最小强度和最大强度不同，分别称为光补偿点和光饱和点。例如，已知迷迭香在 15PPFD 时开始光合作用，在 490PPFD 时变慢。

4. 其他

除此以外，仔细确认植物灯的设计风格和消耗电力，选择最适合的植物灯。

Q 植物叶子的颜色为什么会这样？

A Farming Soon：

养植物的过程并没有做错什么，但是叶子经常会出现变色、枯萎的情况。原因并不是单一的，更多的是多种因素复杂交织在一起所导致的，最好仔细观察各种症状后，再尝试综合性的解决方案。

在解决过程中，大致了解一下植物需要的营养素，以及缺少营养素时的症状。植物需要的营养素大致有 16 种，其中需求量较多的营养素如下。

1. 氮和磷

氮是使植物叶子长大的营养素，是植物生长初期必需的元素。磷能提高植物细胞分裂和光合作用速度，具有增加花和果实大小的作用。因此，如果缺少氮和磷，叶子就会出现变小变黄的现象。

解决方案 可以选用氮或磷专用肥料，也可以将咖啡渣添加到土壤中补充氮。

2. 钾和钙

钾是帮助合成碳水化合物的营养素，具有巩固果实大小和根系的作用。钙可以帮助植物整体生长发育。当缺乏这两种元素时，叶子会变黄，花和果实也会在未成熟的状态下脱落。

解决方案 将 2cm 见方的香蕉皮埋在土里可以补充钾，将碎蛋壳埋在土里可以补充钙。

3. 镁和硫

镁将钙搬运的二氧化碳供应给叶绿素，可以帮助植物进行光合作用。硫在产生叶绿素、氨基酸和蛋白质的同时，还起到了调节植物酸度的作用。当这两种元素缺乏时，叶子的颜色会变成黄绿色，甚至会出现褐点。

解决方案 浇水前，建议将镁专用肥撒在土上。

Q 花盆里的霉菌该怎么处理？

A Farming Soon：

花盆表面长出白色霉菌或蘑菇的情况时有发生。为什么会出现霉菌呢？霉菌或蘑菇最爱出现的场所有：①潮湿温暖的地方；②通风不畅的土壤或场所；③长期放置不管的土壤或肥料等环境中。另外，土壤的肥料成分过多时也会发生。

室内栽培植物的花盆中常见的霉菌和蘑菇有以下 3 种。

1. 白色霉菌

在腐烂的床土或潮湿的环境中大量产生的白色微生物。

2. 黄白鬼伞

夏秋季多发于花盆等处的真菌。经常出现在花盆或室内温室的腐叶土中。

3. 暗褐顶环柄菇

同样是夏秋季多发的真菌，菇伞逐渐变得扁平，中央呈突起状。

这些霉菌和蘑菇虽然具有分解有机物等有益作用，但也会损害植物的美观，对人的呼吸道也不好，所以最好去除。

去除霉菌和蘑菇的方法

首先，应进行部分或整块土壤的耕翻。如果这个花盆之前已经来过这些"不受欢迎的客人"，那么重新长蘑菇或发霉的概率很高。所以最可靠的方法就是把花盆里的土壤全部磨碎。植物根部附着的土壤也要全部抖落，防止病菌残留。

另外，请慢慢变换环境。换个高温多湿的环境或多注意通风，这样可以防止霉变。最好把花盆移到室外，或者在室内用风扇通风。因为阳光和空气循环对去除繁殖的霉菌有效果。

过氧化氢也有用。可喷洒市面销售的脱霉剂，也可将过氧化氢与水按 1∶10 的比例混合，喷洒在发霉部位或土壤表面，可有效除霉。

Q 根蝇怎么消灭？

A Farming Soon：

根蝇是小蝇，主要在植株根部产卵，以真菌或有机物为食生长。根蝇从卵开始约 20d 长成成虫，时间短，很难消灭土壤中的幼虫，是非常难消灭的害虫。

根蝇幼虫会啃食土壤中的植物根部，造成伤口，根部受伤，输送到叶子的水分和营养成分会减少。当室内空间或土壤湿度增加时，根蝇会迅速扩散。那么，如何消灭根蝇呢？

1. 去除根蝇成虫

根蝇很小，很难用手抓住，因此在植物周围安装黏性的粘蝇板可以有效捕捉植物周围飞来飞去的根蝇成虫。

2. 消灭土壤中的根蝇幼虫

利用捕捉幼虫的绿色环保农用材料，或者利用通过土壤微生物来去除幼虫的农用材料比较好。

3. 根蝇讨厌的环境

根蝇喜欢潮湿的环境，因此可增加花盆的见光量，通风换气，保持土壤干燥。霉变时立即去除发霉部分的土。为了防止过涝，只浇规定量的水。

Q 担心市面上的驱虫产品有农药成分，可以自己制作环保的驱虫剂吗？

A Farming Soon：

勤劳的园丁们不使用含有农药成分的驱虫剂，而是亲自制作环保驱虫剂，或者使用获得"有机农业材料"认证的环保产品。虽然这些产品对环境友好，但与其他药物一起使用时，反而会对植物有害，因此最好认真确认使用方法。

1. 具有代表性的天然农药——蛋黄油

蛋黄油是最有名的天然农药之一，谈及天然农药时必不可少。用食用油和蛋黄制作，可有效防治菜园作物的病害或防治蚜虫、螨虫等小型害虫。

01. 将蛋黄放入 1 杯水中，用搅拌机搅拌 2~3min，搅拌均匀。
02. 在蛋黄水中加入食用油，再用搅拌机搅拌 3~5min。
03. 将制好的蛋黄油用水稀释后喷洒，使其均匀附着在作物上。
※ 病害发生前（0.3% 蛋黄油）：食用油 60mL，蛋黄 1 个，水 20L。
※ 病害发生后（0.5% 蛋黄油）：食用油 100mL，蛋黄 1 个，水 20L。

每隔 1 周喷洒 1 次蛋黄油，效果很好。建议作物发病前每 10~14d 喷施 0.3% 蛋黄油进行预防，发病后每 5~7d 喷施 0.5% 蛋黄油。喷洒的量要足，使叶子正反两面均匀附着。

蛋黄油对蚜虫、蓟马等害虫及白粉病也有效。但要注意的是，在黄瓜等嫩芽上过量喷洒蛋黄油，可能会抑制其生长，还会对蜜蜂等益虫造成危害。

2. 利用银杏叶制作驱虫剂

01. 将 1kg 银杏叶倒入适量水，用搅拌机搅拌均匀即可。
02. 将打好的银杏叶用纱布包住挤汁。
03. 将挤出的汁液置于雾化器中，加入 2 杯半的石灰波尔多液，充分混合。

将混合好的银杏叶驱虫剂均匀地喷洒在植物的叶子上，叶子的背面也要充分喷上药剂。在病虫害发生前经常喷药预防效果较好。

3. 有助于防治蚜虫和蜱螨的香皂杀虫剂

香皂对蚜虫和蜱螨有防治效果。具有杀虫效果的是普通香皂和钾香皂（软性香皂），制作杀虫剂一般多使用液体香皂，可以直接用天然油脂和氢氧化钾制作液体香皂，也可以直接购买厨房用液体香皂。但普通的液体香皂大部分含有合成表面活性剂等合成洗涤剂，因此要选择主要成分是天然油脂和氢氧化钾的液体香皂。

香皂杀虫剂可用 1~2 茶匙液体香皂与 1L 温水充分混合，用喷雾器喷洒。被香皂杀虫剂浸湿的害虫细胞膜会溶化而死亡。但要注意，如果喷洒浓度过高，会破坏作物蜡质层，造成伤害。

Q 叶子和茎下垂的原因是什么？

A Farming Soon：

叶子和茎突然下垂，大部分是由于缺水。就像人或部分动物不摄取新的营养成分时，会使用已经储存到体内的营养成分一样，植物在缺水时也会使用植株内储存的水分。如果突然动用储存的水，水就会过度流失，使叶子和茎下垂。

如果家中植物的叶子和茎突然下垂，请通过前面提到的确认土壤干湿的方法来确认土壤状态。只要及时浇水，大部分情况植物都会恢复到以前的状态。有时当光线不足时，也会发生这种现象，这是由于徒长（植株的茎或叶过长、过软）现象引起的问题。因为植物在光线不足的环境下，为了获得更多的光线，往往茎会拉长。在这种情况下，叶子或茎会变得过大，导致它们无法承受重量而下垂。为防止这种情况发生，可用支柱撑起植株或拔除徒长的茎或叶子并移动到光照好的地方。

Q 新芽长出来后变黄，很快掉落，怎么办才好呢？

A Farming Soon：

造成植株叶子变黄的原因有很多。可能是单一原因，也可能是由多种因素综合作用的结果，可能的原因如下。

1. 光照不足

在完全没有光照的环境下，只用植物灯供应光线，或者光线照射量不足时，会对不同的植物产生不同的影响。请确认该植物是否需要大量光照（800~10000lx 甚至以上），如果是，将植物移至光线充足的客厅或阳台。

2. 营养不足

营养不足时，首先从叶脉周围开始变色，扩展到整体变黄。先从老叶子开始慢慢变黄。

3. 根部问题

确认根部情况，如果花盆太窄或根部变成黑色或褐色，请小心去除变化的部分后进行倒盆。

Q 冬季养植物时，应该做什么准备呢？

A Farming Soon：

由于室内栽培的植物大多来自温暖的地方，往往难以适应冬天寒冷的气候。因此，冬季栽培植物要更下功夫。

1. 了解植物特性和越冬温度

每种植物都有大致确定的越冬温度。如果是原产于离赤道较近的热带作物，越冬温度往往较高，建议移至温暖的地方。

2. 检查室内环境

确认了植物越冬的温度，就要了解目前植物生长的室内环境。因为即使是相同的室内空间，微小的差异也会对植物产生很大的影响。如果决定更换场所，那么请仔细确认空间的温度和光线。如果突然发生变化，敏感的植物其叶子可能会脱落或变黄。

3. 冬季浇水

冬季由于水分蒸发速度减慢，应减缓浇水周期。通常在水分蒸发速度较快的春季到秋季，当表土（土壤表面 10% 深度）干涸时浇水。但在冬季较深的土壤干涸后再浇水。可将木棍放入土壤深处，5min 后拔出观察，如木棍大部分都是干的，再浇水即可。

- **我们周围那些普通的植物栽培者**

　　Farming Soon 的订阅者中，有很多人的植物生活丰富多彩。这些人是如何迈出养植物的第一步的，又遇到了哪些困难呢？下面是采访他们的内容。如果读者们也对养植物犹豫不决，请先仔细听一听他们的故事吧，从他们的经验里获得勇气。

"生活记录者"的植物生活（ less_but_enough ）

Q 您第1次养植物的契机是什么？

A 我小时候有一段时间住在有院子的房子里。虽然房子很旧，感觉马上就要倒塌，但是种植在院子里的花、野菜和蔬菜却盖过了寒冷和不好的记忆，留在我回忆里的，只有阳光照射下叶片油绿带光泽的植物。因为那段记忆，我一直想养植物，但在光线不足的一居室中养植物并不容易。20多年来，我一直独自生活，去年开始第1次搬到了正南向的家里，与以前住过的房子不同，在这里只要浇水植物就会长得很好。看到植物长得好，我也起了兴致，开始正儿八经养各种植物了。

Q 最喜欢的植物的种类是什么？为什么？

A 我小时候喜欢在院子的一隅养樱桃番茄。当绿色的番茄开始变红时，我就会对着它说："再快一点，再快一点"，就这样一边说着，一边等番茄变红。我记得颜色有一半变红的时候，我就迫不及待摘下来吃。番茄采收后，指尖上残留着一股青翠的气味，这种气味就是番茄蒂的气味。

现在，我也在客厅养樱桃番茄。能养樱桃番茄吃固然是件高兴的事情，还能随时闻到我喜欢的新鲜番茄蒂的味道，真是太好了。因为是1年生植物，所以不能养太久，但是我可以把樱桃番茄里的种子再种在土里，好好养苗，像接力一样养樱桃番茄。如果说第1次养的樱桃番茄是1代，那么现在算是养了3代了。

Q 请谈一谈养植物最大的好处和困难之处。

A 正式开始养植物后，可以每天观察植物生长的样子，有时呆呆地看着植物心情就会变好。不用走远，家里就充满了绿色，坐在其中，就像散步时坐在路边的长椅上一样，看着安静的风景，心情也变得舒畅。当我看着植物，专注于植物后，心情不好也会化解，这也是现在养越来越多植物的原因。

困难的点在于，去年、今年，或许是一辈子的困难吧，就是"浇水"。

Q 对于第 1 次养植物的新手，有什么推荐的植物吗？

A 我之前往的房子光线不好，有的植物却没有死掉，而是存活了下来，现在正在迅速生长，就是朋友离开韩国时拜托我养的荧光绿萝。想想那个时候我养植物，会隔天浇水，偶尔也会每天浇水，冬季的时候也会几个月都不浇水，植物好像死了一样。当我认为植物已经死了的时候，它好像比我更早知道春季来临，于是又长出了新芽。现在回想起来，我原来把植物养得半死不活，是因为房子中光线不足。

即使连续犯错，绿萝也以坚韧的生命力生存下来，给人带来绿色的希望。新手不妨从绿萝开始吧。绿萝有荧光、天使、喜悦、大理石皇后等多种类型，可以根据个人喜好选择。

Q 有什么话要对想养植物的人说吗？

A 如果房子中有太阳光，哪怕是很少的光，就可以试着养一盆花了。在养花时，我找到了战胜困难的幸福感。在养植物之前，走在路上看到绿色的是草，彩色的是花，褐色的是木柱，养植物之后会发现岩石缝隙中的草也有着个性的外观和花纹。若不仔细看，就无法发现草细软可爱的样子，我边散步，边在心中跳起了舞。如果说走路时发现的一株小草是一个幸福的小点，那么在家里看着养的植物就可以延续这种幸福感。一步一步积累起来的幸福让我容易受伤的心变得坚强。

Q 以后有想挑战的植物吗？

A 马上就要到圣诞节了，我想起来一件事。去年冬季散步的时候，看到 1 株挂着红色果实的凋零的树，我以为是落霜红呢，就拿来种了，可惜是野玫瑰。明年一定要养 1 株冬季挂满红色果实的、像圣诞树一样美丽的落霜红。看着落霜红的绿叶，期待着正向冬季奔跑的红色果实，可能会喜欢上四季中最讨厌的冬季。

Q 谈一谈对 Farming Soon 团队的期望吧！

A 在田里被拔出的杂草，在花坛里被更华丽的花丛所埋没的某种花，它们都得不到认可。我觉得路边生长的野草，每一株都有独特的模样，也很有魅力。我想知道它们的名字，但是很难搜索到。最终知道它们的名字，是通过那些在同一时期被同一植物所吸引，并在网上发表文章的人。这种时候，喜欢植物的人的心情是一样的，希望大家能够了解一下一直以来被冷落在四季中的那些常见的野草和野花。

"lazy_camper"的植物生活（📷 lazy_camper）

Q 您第1次养植物的契机是什么？

A 从小我父母就养了很多植物，看着这些植物慢慢长大，自然而然地就喜欢上了养植物，每当收到零花钱，我就会在花店买1~2株小植物，在自己的房间里养。后来自己一个人住，有了属于自己的空间，就更喜欢植物了。我无法想象没有植物的生活。

Q 最喜欢的植物的种类是什么？为什么？

A 最喜欢的植物是结婚后在新婚房里下定决心购买的大型龙舌兰。可是养得不好，叶子变细了，病病歪歪的，在搬到冬季住宅的途中，连木杆都折断了，所以一直苦恼该怎么办。但因为是结婚的时候买的植物，所以我非常喜欢。我的丈夫尝试了水培，幸好开始生根了。现在我把龙舌兰重新移植到花盆里，每当看到龙舌兰健康地成长了不少，每当其他人问我是怎么把它养得这么好的时候，我们都感觉很欣慰，也会觉得神奇。

Q 请谈一谈养植物最大的好处和困难之处。

A 看到从新婚时到现在一直茁壮成长的"孩子们"，我感到非常欣慰，心情也很好。相反，看到经过多次挑战但依旧死去的植物，就会觉得养植物太难了。

Q 对于第1次养植物的新手，有什么推荐的植物吗？

A 推荐龟背竹、春羽、绿萝。
到现在为止，我养的植物在生死间反复横跳，但是这3种植物真的长得非常

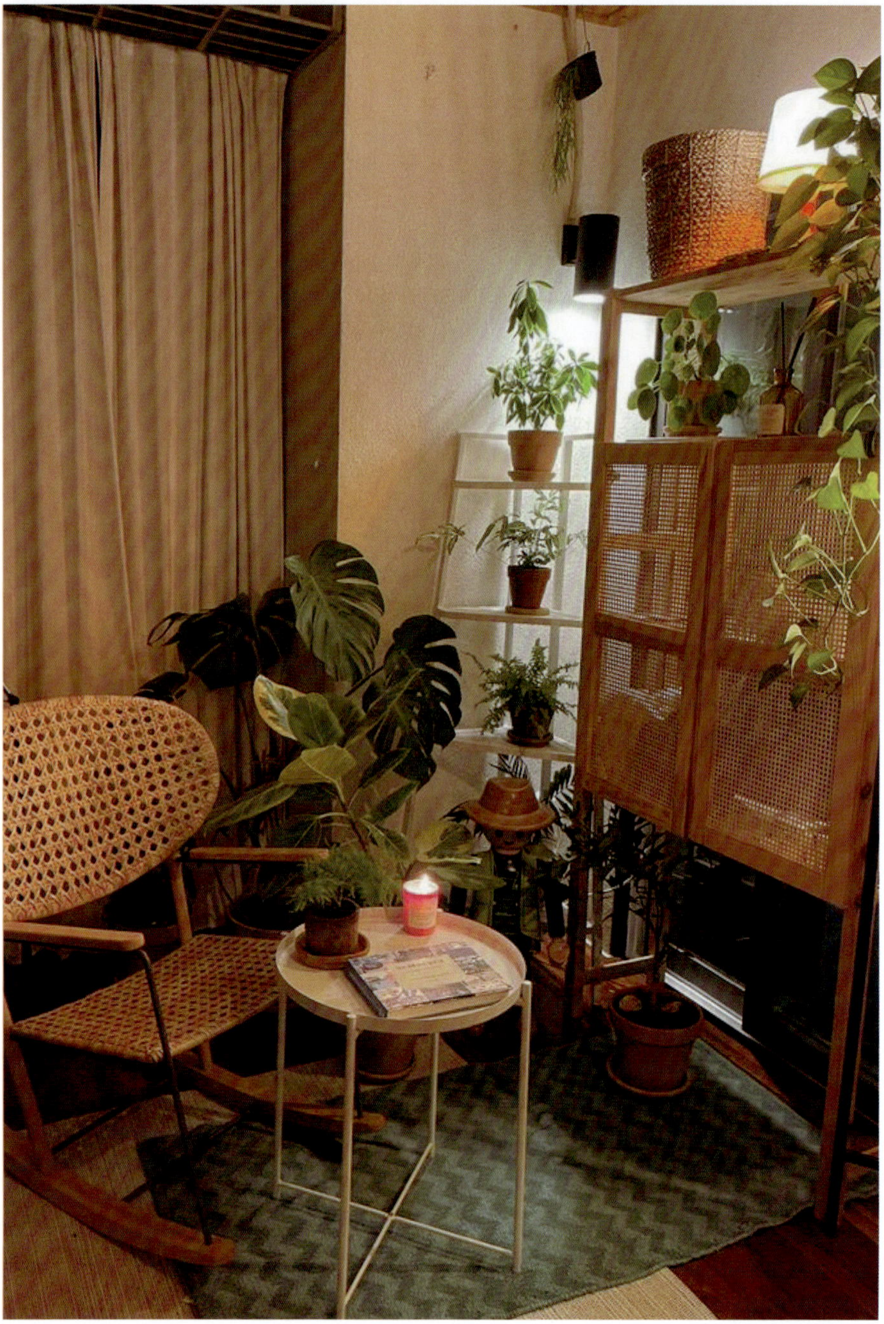

好。曾经极小盆的龟背竹和春羽，现在长得超大一盆。而绿萝总是展示出新鲜的叶子，让人怀疑是不是它真的有神通。有时太久忘了浇水，稍微枯萎的时候，只要浇点水，就会马上变得鲜活起来。

Q 有什么话要对想养植物的人说吗？

A 绿色带来的清新能量真的会让人心情变好。在凄凉的空间里，只要有一株小植物，就能马上焕发生机。有些人会觉得"我总是'杀死'植物，所以养不了的！"，但如果真的喜欢植物，不妨多挑战几次。我独居的时候，养的植物总是会死掉，但是某个瞬间，即使没有在意，植物们也会自己快速生长。

根据我的经验，漫不经心的养护似乎是植物需要的。浇水太频繁会造成各种问题，而且通风似乎比什么都重要。

Q 以后有想挑战的植物吗？

A 彩叶杞柳！曾经种了 2 株紫薇，可能是因为太冷了，紫薇没能适应我家的环境。明年打算在种紫薇的位置上种植彩叶杞柳。

Q 谈一谈对 Farming Soon 团队的期望吧！

A 现在上传到 Instagram 上的图文信息通俗易懂，非常好。我个人希望 Farming Soon Market Store 能建成有独特个性的网站，并且有好用的园艺相关产品。也希望你们运营好 Instagram，上传一些整理好的园艺小贴士。

"奇妙的多萝茜"的植物生活（https://m.blog.naver.com/mail2723）

Q 您第 1 次养植物的契机是什么？

A 正式开始养植物是在我第一个孩子 23 个月搬进现在的家的时候，家中有一个废弃的空间，我想如果把那里收拾好，养上香草，应该会很漂亮。我在妈妈的帮助下打扫卫生，先在塑料瓶里撒了罗勒种子，因为我太喜欢罗勒了。但为了给口味挑剔的孩子吃各种颜色的胡萝卜和樱桃番茄，就开始在园子里种菜。但园子在冬季就种不了了，而冬季我也想看绿色植物，所以在室内也增加了一两处栽培空间。

Q 最喜欢的植物的种类是什么？为什么？

A 是白闪光！这是妈妈知道我对养植物有兴趣后，给我买的第一盆花。我家的客厅没有自然光，所以当时用简单的 LED 植物灯勉强养了一些植物。妈妈说要带我去花鸟市场逛逛，然后给我买一个好的植物灯。对于新手来说，养仙人掌确实是个难题，但我真的很喜欢。我还记得以前去花鸟市场看到仙人掌时爱不释手的样子。

白闪光已经养了 6 年了，虽然现在外观有点丑，但是剪枝几次后，还是长得很快。我的目标是总有一天会修好形状，栽培出正常的树形。

Q 请谈一谈养植物最大的好处和困难之处。

A 好处是，我知道植物对改善人的情绪非常好，刚开始是为了孩子，但反而我受益更多。孩子 3 岁，是我一手带大的，晚上哄孩子睡觉后，想到没有自己的时间，就觉得很艰难。但如果在孩子睡着后，在安静的夜晚养护植物，心情会变得平静，头脑也会变得清醒。

反之，如果说养植物有什么困难，那就是适应环境。植物最需要的是光照，但我家是一层，而且在建筑物之间，所以光线进不来。因为养植物的地方不是阳台而是客厅，所以在连窗户都开不了的梅雨季节，虫子也变得猖獗，养起来更加困难。

Q 对于第 1 次养植物的新手，有什么推荐的植物吗？

A 阿玛格丽方角栉花竹芋。它以前是难得一见的珍稀植物，现在在花园里很常见。它不太占地方，也不需要太多光照，所以我认为它是可以小小地提高室内装饰效果的植物。在换盆的过程中，把最外面的触角摘下来插在新盆里，很快就能生根，很容易繁殖成功。叶子上有哑光花纹，给人高档的感觉。

Q 有什么话要对想养植物的人说吗？

A 我觉得没有容易养的植物。如果推荐一种即使是初学者也很容易种植的植物，你把它带回来栽培，结果养死了，你可能会想是不是自己没有这个才能。但是，就像做简单的料理也有食谱和方法一样，我认为植物也不是那么容易养活的。

不要只在花店听卖家的建议，希望你能亲自搜索一下要养的植物的相关知识，因为每家的环境都不一样。只要读几个实际养植物的人写的观察记录，就能知道大概的方法。而且要勤劳，如果把要做的事情推到明天，对植物来说可能会致命。该浇水的时候浇水，该倒盆的时候倒盆。

Q 以后有想挑战的植物吗？

A 我养过很多植物，还养过稀有植物，特别是可以吃的菜园植物，光番茄就养了近 100 种。所以现在比起能吃的植物，反而对观叶植物更感兴趣。

根据我家目前的环境，最困难、最不敢养的植物是桉树和童话树。因为我不知道人工植物照明灯能照到什么程度，在潮湿炎热的夏季，通风和温度该如何调节。如果搬到自然光充足的房子，一定要挑战养大型桉树。

Q 谈一谈对 Farming Soon 团队的期望吧！

A 多亏了 Farming Soon 的信息，让我下定决心重新确认之前只大概了解的那些信息，从而更深入地了解和栽培植物。希望以后也能继续上传一些我以前错过了的知识。其实即便是现在，也对我有很多帮助！

"绿色商社"的植物生活（ choroksangsa ）（ https://blog.naver.com/chorksangsa ）

Q 您第 1 次养植物的契机是什么？

A 为了填补心灵的一处空白，于是就开始养植物了。

Q 最喜欢的植物的种类是什么？为什么？

A 是橡胶树。我是新手的时候就开始养它，它不会轻易死掉，在任何环境下都能很好地适应。

Q 请谈一谈养植物最大的好处和困难之处。

A 我长时间看着旁边默默生长着的植物时，心情最好。困难的是，新进了一些热带稀有植物，有很多植物因为我的管理不成熟，导致它们被当成普通的绿草送给顾客了。我正在更加努力地学习。

Q 对于第 1 次养植物的新手，有什么推荐的植物吗？

A 我推荐容易养的橡胶树和春羽，还有适合入门的龟背竹。

Q 有什么话要对想养植物的人说吗？

A 我认为不要一开始就充满热情地一次性买多种植物，最好一边学习养护方法，一边慢慢增加栽培的植物。

Q 以后有想挑战的植物吗？

A 我想挑战种植非洲块根植物。

Q 谈一谈对 Farming Soon 团队的期望吧！

A Farming Soon 团队总能把我们感兴趣的农作物或植物养护方面的知识通俗易懂地传达给我们，所以我们看得很入迷。希望团队能将这些知识出版成书。

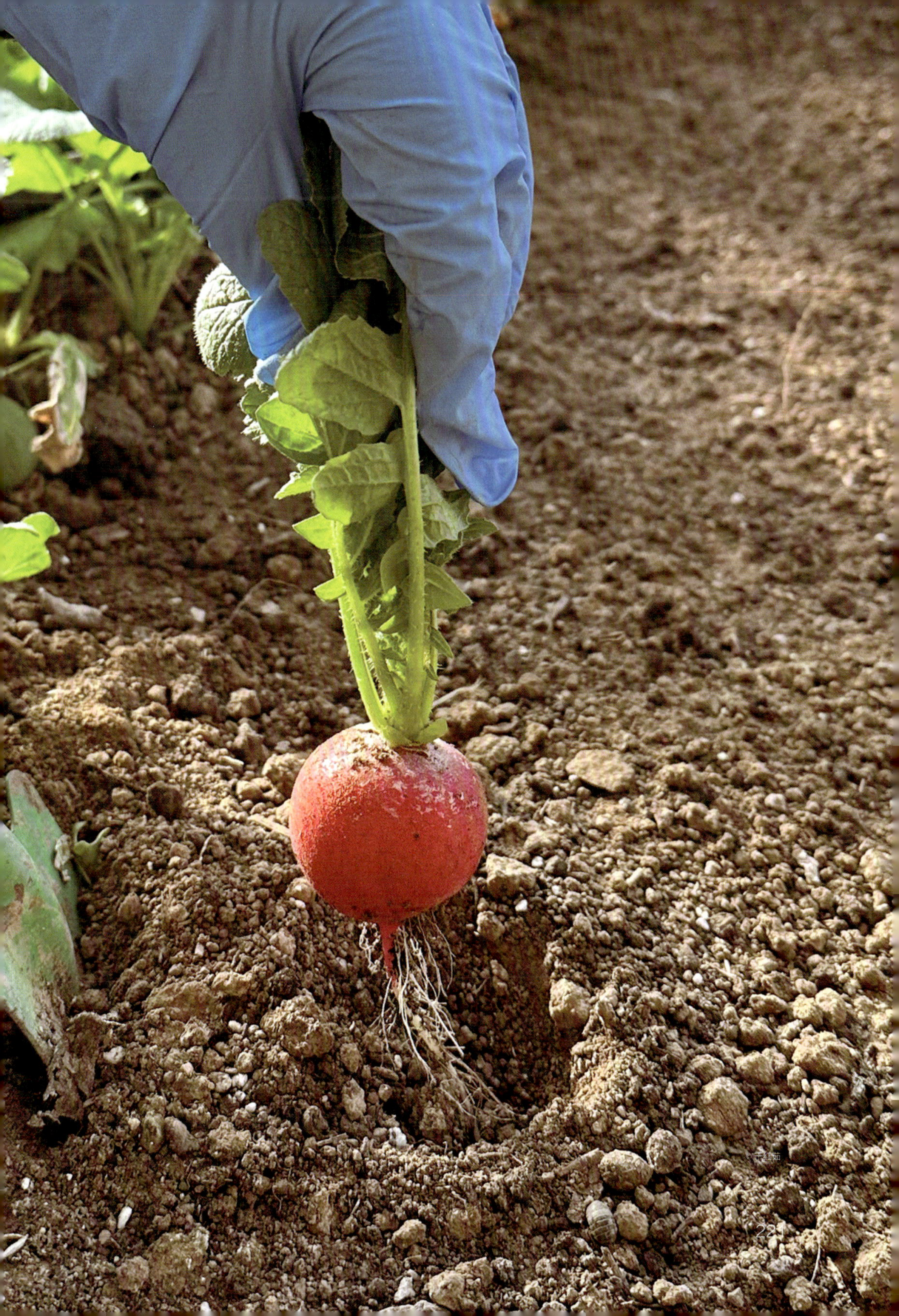

后记　Farming Soon 想说的话

经营了近 2 年的农活、菜园、园艺知识频道——Farming Soon，终于有机会出版关于家庭园艺方面的书籍。此前，Farming Soon 在 Instagram 和博客上向约 2 万名订阅者传达了园艺知识。随着订阅者的增加，大家发来了很多关于植物栽培的问题。虽然我会尽量回复，但是植物不同，环境、栽培者、栽培的技巧也都不一样，有时很难回答。

但是所有问题的目的都是一样的，那就是好好栽培自己家（或自己田地）的植物。希望这本书能对大家的植物生活有所帮助。如果你仍然觉得养植物很难，请记住以下几点。

1. 请经常观察植物

再小的植物也有自己喜欢的环境。为了使植物健康生长，必须提供良好的水分、光照、土壤、温湿度、通风等条件。请每天抽出一点时间，检查植物的状态和周围的环境。

如需新土或大盆则进行倒盆，根据土壤干湿程度决定是否浇水，根据叶子生长情况进行摘叶或修剪。与其寻找适用于所有情况的"万能钥匙"，不如经常观察其情况，给出相应的对策。

2. 养护过程中存在很多变数

虽然按照栽培技巧来养植物，能使其茁壮成长，但植物是活的生命体，所以也会出现意想不到的结果，一直保持良好的状态可能会很难。读再好的书、看再多的视频，结果也会千差万别。需要认识到，在栽培有生命的植物方面，书和视频只是一个参考，除此之外还需要积累各种栽培植物的经验。

3. 请耐心等待植物的生长

与生长较快的宠物不同，植物生长得非常缓慢，反应速度也很慢。所以养植物需要更多耐心和等待。请耐心等待植物的生长和反应，而不是焦急地希望它们尽快长大。

Farming Soon 将永远与你同行

Farming Soon 运营团队一直对栽培植物者开放。如果您对植物培育有任何疑问，可以随时通过 Instagram 和博客进行咨询，我们会尽快回复您。除了观叶植物之外，还有关于菜园中的蔬菜等农业、食品的各种信息。

本书是适合初学者的家庭园艺指南。对于广大家庭园艺爱好者来说，掌握了植物的基础知识后，就可以正式走上栽培植物的道路了。书中整理了一些在开启植物生活之前必须了解的信息，如土壤、光照、水分、肥料、倒盆和杀虫等，以便帮你一目了然地掌握健康养护植物所需的环境信息。书中还介绍了净化空气的植物、难养的植物、对宠物友好的植物，以及可用于烹饪和泡茶等常见的香草和蔬菜的养护技巧，图文并茂，通俗易懂，初学者也能一学就会。就让我们与 Farming Soon 一起迈向绿色的世界吧！

파밍순의 홈가드닝 가이드 (HOME-Gardening Guide of FarmingSoon)

Copyright © 2023 by 파밍순 (FarmingSoon)

All rights reserved

Simplified Chinese Copyright © 2025 by CHINA MACHINE PRESS

Simplified Chinese language is arranged with Youngjin.com Inc

through Eric Yang Agency

此版本仅限在中国大陆地区（不包括香港、澳门特别行政区及台湾地区）销售。未经出版者书面许可，不得以任何方式抄袭、复制或节录本书中的任何部分。

北京市版权局著作权合同登记　图字：01-2024-6576 号。

图书在版编目（CIP）数据

家庭园艺指南 /（韩）农明顺著；梁超译. -- 北京：机械工业出版社，2025.8. -- ISBN 978-7-111-78711-2

Ⅰ. S68-62

中国国家版本馆CIP数据核字第20255NB392号

机械工业出版社（北京市百万庄大街22号　邮政编码100037）

| 策划编辑：高　伟　周晓伟 | 责任编辑：高　伟　周晓伟　刘　源 |

责任校对：马荣华　李荣青　景　飞　　责任印制：任维东

北京宝隆世纪印刷有限公司印刷

2025年8月第1版第1次印刷

169mm×230mm・14印张・2插页・193千字

标准书号：ISBN 978-7-111-78711-2

定价：88.00元

电话服务　　　　　　　　　网络服务

客服电话：010-88361066　　机　工　官　网：www.cmpbook.com

　　　　　010-88379833　　机　工　官　博：weibo.com/cmp1952

　　　　　010-68326294　　金　书　　网：www.golden-book.com

封底无防伪标均为盗版　　　机工教育服务网：www.cmpedu.com